金商道

The positive thinker sees the invisible, feels the intangible,
and achieves the impossible.

惟正向思考者，能察於未見，感於無形，達於人所不能。 —— 佚名

Cannie
閔幼林——著

前進印度工作去

India

第一位到印度創業的台灣女生，
第一本印度工作．生活實戰觀察書

拉達克聯邦屬地
斯利那加
列城
查謨和喀什米爾聯邦屬地
中　國
賈木
喜馬偕爾邦
達蘭薩拉
西姆拉
旁遮普邦
昌迪加爾
德拉敦
巴基斯坦
北阿坎德邦
瑞詩凱詩
赫爾德瓦爾
哈里亞納邦
德里
尼泊爾
阿魯納恰爾邦
伊塔那噶
錫金邦
不丹
賈沙梅爾
久德浦
齋浦爾
阿格拉
北方邦
大吉嶺
甘托克
阿薩姆邦
勒克瑙
迪斯普爾
那加蘭邦
拉賈斯坦邦
比哈爾邦
西隆
科希馬
梅加拉亞邦
巴特那
因帕爾
烏代浦
瓦拉納西
孟加拉
菩提伽耶
曼尼普爾邦
阿加爾塔拉
艾藻爾
甘地納加
博帕爾
賈坎德邦
特里普拉邦
米佐拉姆邦
亞美達巴德
蘭契
西孟加拉邦
印多爾
中央邦
古吉拉特邦
加爾各答
緬甸
恰蒂斯加爾邦
布巴內什瓦爾
賴布爾
奧迪沙邦
科納克
達曼及第烏和
達德拉及納加爾．哈維利
聯邦屬地
馬哈拉施特拉邦
普里
孟買
納加普爾
浦那
泰倫加納邦
海德拉巴
孟
加
拉
灣
阿
拉
伯
海
帕納吉
果亞邦
卡納塔克邦
安得拉邦
班加羅爾
清奈
旁迪切里聯邦屬地
坦米爾納杜邦
喀拉拉邦
哥印拜陀
安達曼－尼科巴群島
聯邦屬地
科欽
馬杜賴
拉克沙群島
聯邦屬地
特拉凡德倫
斯里蘭卡

—推薦序—

為台灣打開探索印度的大門

陳牧民 中興大學國政所教授．駐印度代表處公使

二〇二二年九月初，國際貨幣基金組織（IMF）公布全球經濟預測數據，印度GDP達到三．五兆美元，取代英國（三．三兆美元）成為全球第五大經濟體。當然對一個十四億人口的國家來說，這樣的表現並不令人意外，但排名超越過去殖民母國還是讓人驚豔。以目前每年七%經濟成長率來看，印度將會在二〇三〇年之前陸續超越德、日，成為世界第三大經濟體。

印度的經濟規模到底有多大？二〇二二年全印度賣出一．五一億支智慧手機，而這個數字還比二〇二一年（一．六九億支）少一些。估計全印度目前約有七．五億人使用智慧手機，也只有四七%的人口使用網際網路，如果再增加三到五億使用人口，將會是多大的商機！而且印度平均年齡為二十八．七歲（而台灣卻是四十二．五歲，中國三十八．四歲），無論從勞動力或消費力來看，這都是一個正在快速崛起的經濟強權。

面對如此巨大且潛力無窮的市場，台灣的投入似乎顯得微不足道：去年雙邊貿易量

為八十億美元，不到台灣總體對外貿易的一%；過去三十年來台灣在印度總投資金額約為二十億美元，而同時期台灣投資中國的金額則高達兩千億美元；有十萬家台灣企業在中國註冊，在印度的台灣廠商卻只有一百家；而在越南經商的台灣人至少有八萬人，旅居印度的台僑至今仍不到五百人。

因為地理隔閡、語言文化差異等等原因，台灣過去甚少關注印度，也不擅經營印度市場。但隨著美中地緣政治角力加劇以及新冠疫情衝擊，全球供應鏈重組已成趨勢。印度各界開始注意到台灣這個ＩＴ產業大國，台灣業者也認真考慮布局印度。閔幼林Cannie的新書此時上市，等於是為台灣打開另一座了解印度的大門。

在印度台僑圈中，小閔是個奇女子，從二〇〇六年隻身進入印度闖蕩至今已十多個年頭，幾乎所有來到印度的台商台幹都知道她。她在德里創辦印度有史以來第一座私人華語教學中心，向印度大眾提供實用華語課程；她的足跡遍布印度各地，為背包客及台商提供最佳的旅行建議；本書不僅僅是對印度社會最真實的觀察報告，更是台灣人前進印度經商的教戰手冊。

最懂印度的台灣人

劉佩修 商業周刊總編輯

哇！這女生，怎麼能做到！

我第一次聽到閔幼林的故事，腦海閃出一串驚嘆號。七年前，商業周刊製作〈台灣哥倫布〉封面故事，尋找在印度創業的台灣年輕人，卻遍尋不著。聽到的多是大公司外派人員，資歷尚淺，甚至有人抵達印度後，立刻辭職返台，一天也不想多待下去。

竟然有一位女生，獨自一人，先是跑單幫，然後定居印度新德里，從開中文補習班，到開旅行社、顧問公司，待了十幾年。

印度台商，多半是大企業，有系統性支援。在這肉弱強食、民風迥異的國度，台灣中小企業很難存活，更別說個人。

沒有富爸爸，沒有奧援，她曾窮到每天吃泡麵度日，一度差點上天堂。她也曾住過沒瓦斯、沒冷氣、屋頂破損的租處，天冷時打寒顫，天熱到攝氏四十幾度，只能半夜沖冷水澡來降溫。

因為在市井間打滾，什麼事都要自己來，練就一身本領，對印度的了解，自然比蜻蜓點水者更多。於是，當我們踏進印度採訪，第一個拜訪的對象，就是她，人稱小閔，最懂印度的台灣人。

「Welcome to Incredible India」，這是新德里機場的標語：歡迎來到不可思議的印度。若不是小閔帶路，我們很難體會，有多不可思議。

她帶我們到新德里舊城區，在充滿雨水與尿味的石板路穿梭，看見最美的織品；在人潮推擠無法動彈的老街中，遇見上萬種食材與香料，驚嘆不已。

這裡，同時有身高一米九以上，高大、包頭、續鬚、白皙的北方民族，與身高不到一米五，黝黑、精瘦的南方民族。各地語言更是五花八門，光是鈔票上，就有十七種語言，未列上的更多。

一個女生在印度跑來跑去，不會很危險嗎？

她大笑：「不會呀！」她到印度十幾年，只遇過一次搶劫，而且對方沒得手，就倉皇落跑。比起她到其他國家自助旅行的經歷，她認為印度還安全得多。

別人眼中的危險，她卻認為是機會，別人覺得安全，她卻覺得危險。就像化學系畢業的她，當年放著電子、生技公司年薪百萬工作，卻跑來印度，就因為覺得，台灣的日子太好過，這樣很危險。

一般上班族追求小確幸，甚至「安靜離職」，做好份內工作即可，對她來說，反而不可思議。她有無限的好奇心，想理解這古老複雜的國度，想知道自己的潛力到哪裡。

也因此，她對印度的深度了解，絕非鍵盤研究員或短期外派者，所能企及，這些Google 查不到、研究報告也不會寫。

今年，印度人口將超越中國，成為全球第一大國；全球供應鏈重組，印度成為新的世界工廠；蘋果將大幅提高印度產能，台灣的大廠，包括鴻海、和碩，赴印更是絡繹於途；台灣在印度設廠與設點的上市櫃企業，早已超過百家；印度是全球資本市場上，閃亮的明星。

此時，台灣人對印度的資訊渴求，遠遠超越從前。

正如印度諺語：「一切都是最好的安排」。小閔這本書，也來得正是時候。

書中不但對印度的制度、語言、文化、宗教，人們的思路、行為，有詳盡描述，更列出許多實用商務資訊，包括稅率、法規、金流，談判與定價策略；在生活面，則涵蓋食衣住行育樂。可以說，這是第一本，以台灣人視角寫作的當代印度百科全書。

印度早已不同，最古老與最創新，同時存在。邀請你跟著小閔認識印度，一同體驗印度有多麼不可思議！

各界讚譽

二〇一三年本人奉派赴印度擔任代表前，閔幼林小姐已經在印度進進出出奮鬥了七年，以印度之多元，語言、宗教之複雜，以及國土幅員之遼闊，傳統習俗、種姓制度之隔閡，閔幼林若不是有強烈的信念、堅韌的決心，或者有洞燭機先的慧眼，能夠看到二〇二三年印度發展的機遇：超過英國成為世界第五大經濟體、二十大工業國之輪值主席國、以及超越中國成為世界人口最多的第一大國，是不容易一頭栽進印度豪無懸念的走到今天，相信幼林在這般奮鬥期間，必定也遭遇到諸多困頓、人生地不熟的窘境和進退維谷的煎熬，但是她一步一腳印的走過來，綜整了多年的經驗完成了《前進印度工作去》這本書。

這本書之問世，可以說是閔幼林小姐累積了十幾年的經驗淬鍊而成，是一本想進入印度工作的入門教科書，若能掌握其中眉眉角角，可以省下許多寶貴的時間或少繳一些「學費」，若從學武術的角度來看，拜讀此書可以打通任督二脉，練就「金鐘罩」之功夫，進入浩瀚之印度江湖大顯身手。若從旅遊的角度來讀此書亦充滿趣味，人物鮮活。總而言之，《前進印度工作去》值得收藏，隨時翻閱，跨躍時空，直接進入印度。

——**田中光** 前駐印度代表

Cannie 閔幼林的《前進印度工作去》是一本值得特別推薦的好書！印度對台灣人來說心理的距離遠大於地理的距離。透過我的老朋友 Cannie 在印度工作、創業及生活的經驗，能讓大家了解真正的印度。希望更多朋友可以像 Cannie 一樣，勇敢前進這個充滿希望及魅力的陌生國度。謝謝 Cannie 的新書，我們一起好好品味！

——**朱立倫** 國民黨主席

認識 Cannie 是一個短暫的機緣：我們一起參加了僑委會辦的全球台商的領導班，知道她講話速度有點快、活潑熱情且喜歡幫助別人，談起創業經驗滔滔不絕，沒想到可以寫出如此文情並茂的書（真是失敬）。這本書一開始讀了之後就令人愛不釋手、迫不及待想知道結果如何，彷彿也跟著她經歷許多起伏和失敗的血淚史，同時也開了眼界。對於這樣一位女子隻身在陌生的國度闖蕩出一番事業，只有佩服她那樂觀積極的態度和不怕失敗的勇氣！

就如同書中所言，在印度這樣特別的國家——多種語言和宗教、複雜的地理環境、階級種性制度——在在都增加了經商、生活或旅遊的難度，那絕對是身處在做事一板一眼、凡事要求精準精確的北美的我無法想像的。當然許多的未知也代表了許多的商機，透過這本書可以很快地了解當地的人文和經商環境，絕對可以省卻許多摸索和冤枉路。除了經商，書中提到面對各種疑難雜症的處理和應對，對於想去印度旅遊的人也非常實用，絕對是目前從台灣的視角對印度介紹最完整的工具書之一。話不多說，請您自行去書中體會作者真誠的分享，以及她如何放下原來的想法和觀念才能因此體會到這個古老國家迷人之處。這些，也都是我在書中學習到的。

——**王志維** 新英格蘭大波士頓台灣商會會長

印度總是有著你我所不可思議的領域及內涵，在每件事及每一天。作者小閔以她深耕印度大陸的歲月與心力結晶，娓娓道來許多豐富的觀察、細緻的體認、以及人生經驗交織而成的領悟，刻畫出前進印度應該知道的精彩故事。

——**李冠志** 經濟部國際貿易局副局長

印度跟台灣的文化差異、語言隔閡還有歷史上少有的交集，都讓想與這個新興大國接觸的台灣人既期待又怕受傷害，Cannie的記錄，對每一個想前進印度的台灣人或企業來說，都值得細細探索。

——**何俊炘** 印度德里台商會理事

對於台灣來說，印度是個極其謎樣的國度，坎妮的文字，為讀者揭開這個千年古國的神祕面紗。坎妮的心路歷程為此書的第一視角，觀察全面，文字生動，想認識印度不能錯過此書！

——**林南宏** 亞洲台灣商會聯合總會青商會副會長

我在一個活動中機緣巧合下認識幼林。在短暫的交流後，第一印象是她身上透露著的一種勇敢、堅韌不拔的氣息！印度是一個到處充滿神祕色彩的國度，也將成為全世界單一國家最大的市場（以人口計算）。市場上不乏訴說印度故事的書籍，但是卻沒有一本是從台灣人的眼光來看這個市場。能夠聽著從相同文化背景的作者去訴說這個神祕國度的一切，以及去了解這個市場，是非常難能可貴的！

——**林彥均** 澳洲西澳商會副會長

對於在北美生活三十年的我而言，這裡不是冒險，去印度才是冒險，我所在的多倫多有大量的印度移民，生活、生意難免會有交流交手的機會，對於他們的拖延症及好會扯有深刻印象。然而我面對的只是生活中部分的印度人，Cannie 面對的可是成千上萬沉浸式的生活體驗！所以這是本記錄生活、工作的書，甚至是本教戰手冊，它讓你看到的印度不再只是「寶來塢」，你將看到生活及工作在印度的SOP。

——**徐弘益** 加拿大多倫多台商會會長

《前進印度工作去》是閔幼林在印度創業的生命經驗，有笑有淚的分享，讓我們得以一窺印度多元文化風貌的眉角，是台灣人赴印度工作、投資以及學習的絕佳指南，同時是一本精彩的旅遊紀實。

——**徐佳青** 僑委會委員長

二〇二二年十月的僑委會海外商會幹部暨青商培訓班是我第一次與 Cannie 見面，還記得我們兩個得以深入討論印度的事情，是我們在南部參訪完後返回台北，因為抽籤高鐵座位時很有緣分的坐在一起，這才讓我在課程以外有機會問問 Cannie 有關印度的一些問題。我本身是在越南為全球各大知名運動鞋鞋材化工材料代工廠商，在疫情與美中貿易戰後，中國的產業鏈外移，品牌也有意往有人口紅利的大國印度發展。而我在旅途中詢問了 Cannie 有關印度一些大小事，她告訴我她即將出書，此書有 Cannie 的創業過程與堅持，做為同樣在異地打拚的台商，我想她把對印度的體驗與經驗做出最好的分享，讓我很認同若要在這片土地上有所作為，也必須深入了解風土、人情、民俗。很謝謝 Cannie 分享了這麼精彩的一本書，我想這不只是單單一本介紹印度的書，也是一本很有用的工具書，不管是想往印度投資或深度旅遊，都是值得我們可以一看再看得好書。

——**袁紹庭** 越南台商總會胡志明分會副會長

作者 Cannie 將印度的食、衣、住、行生活經驗談描述鉅細靡遺，讓人能更容易融入印度生活。對於投資者在申請公司、租房、稅務、印籍員工習慣、政府機構聯絡方式……都清楚描述。是投資者必備的「印度投資寶典」，值得推薦給所有想進入印度的投資者。

——**張畯珅** 越南河靜台商會名譽會長

時間在印度與我們之間始終是個迷，我看到 Cannie 在分析印度人性格時稍微提到了我的故事，其實她已經簡略了，但仍把我帶回我每一次的遊歷學習中。閔坎妮這本書裡面面俱到，看著笑著，啊……心又癢了。但，先蹭閔坎妮的書刷點存在感好了。

——**郭瓊玲** 阿拉達娜古典舞踏團長

台灣現代奇女子的青春告白，自助南進勇闖印度，創建完美人生。她體驗豐富的文化旅遊資源，發現印度處處商機和陷阱，還為佛門追尋失散的釋迦族後裔回台……勾勒出一本前進印度的尋寶圖。

——**傅淑芳** 亞洲台商總會文化教育委員會副主任委員

印度政府為推廣旅遊曾提出「Incredible India」之標語，多數台灣朋友常問我：「Incredible是指『驚奇』，還是『驚嚇』？」我均回答：「都有可能，但是您必須親自來一趟印度才有答案！」如今閔秘書長十多年親身體驗的結晶《前進印度工作去》即將出版，極力推薦先睹為快，以免未來「驚嚇！」多於「驚奇！」。

——**陳寶東** 印度德里台灣商會會長

這是一本用腳寫出來實際體驗、詳實記錄印度各方面的書籍，沒有華麗的詞彙，只有親身的寫照。佩服小閔的堅持和用心，讓我能更進一步的了解印度。不管是否要去印度工作，這本書都值得我們去欣賞，因為她的介紹，我們可以更了解這個未來的新興大國的一切。

——**黃雍正** 越南台灣商會聯合總會北寧分會會長

目錄／前進印度工作去

第5章 生活在印度　193

生活最讓人煩惱的食衣住行育樂瑣事完全不需要擔心！住哪裡、吃什麼、去哪裡買、要是生病了怎麼辦？全部詳細說給你聽，讓你就像在地人一樣自在。

附錄 ● 一次讀懂印度那些事 287

印度二十八個城邦特色、十七大族群，甚至公元前兩千年至今的歷史和與周邊國家的關係……或許工作用不到，但對了解印度卻很重要！

作者序

連結台灣與印度，一起擴大機會

我是一個獨立、不按牌理出牌、跳躍式思考、說話很快、喜歡懷舊事物，不喜歡麻煩人的人。曾經和家人說過不喜歡教書，結果我在印度是以教中文起家；我不喜歡吃／喝混合式的食物／飲料（如咖哩飯／奶茶），現在卻長時間生活在咖哩及奶茶的國度中。所以，記得「Never Say Never」，做人千萬不要鐵齒。

可能我是理工教育下培育出來的產物，處理生活事物是非常理性的，同時也會不斷地嘗試、利用各種不同的方式去證明是否可行，雖說這過程會花上不少時間，但覺得一步一腳印，就會走得比較踏實，和現今台灣社會講求快速就要達到目的的商業狀況非常背道而馳。Pauline（我在西澳的 Home 媽）曾說：「人就是要在不同行業中不斷地切換及學習，並在中途慢下來，想想自己下一步要怎麼走，這樣的路才會是自己要的路。」這或許也是我在珀斯生活一年影響我最大及最深的原因之一吧。

回想當初為什麼會下定決心來印度，我想最主要的原因是當時在台灣太安定的工作環境，讓我對自己未來的發展反而感到茫然，又碰到人生三十而立的交叉口，自己的內心充滿著問號。再加上心中一直圍繞著「要為自己的人生做一些什麼事的想法」，讓自己整個心不斷地上下起伏，難以有明確的方向。

當然，也因為對於尚未走訪過的國家，我總是懷抱著好奇及滿心的期待。我曾經走訪的歐州到處都是教堂，亞洲則到處都是寺廟，而印度呢？印度是長什麼樣子呢？我從沒去過，有種想要去一探究竟的想法。幸好當時的我勇氣滿滿、年輕和不服輸的客家精神（吃苦當吃補），讓我邊走邊開拓，靠著自己身上的武器（各式不同的技能），就這樣前進到印度，開啟了我的事業。

當時碰到很多古怪離奇的事，當下的我並沒想太多，只是覺得見招拆招當下解決就好，但在我寫這本書回憶當時的狀況時，也替當年衝衝衝的自己捏了許多冷汗。經過這麼多年的摸索，總算在印度站穩腳步。現在，我在印度的公司主要是服務業為主：教育業、旅遊業及管理顧問業，這三大塊都是我們公司目前主要的業務。「漢你中文」是在當地教印度人或駐印的外國人說中文的教育機構，我們培養了許多為印度及台灣貢獻的印度學生們，目前這些學生們大多在印資或外資公司工作；「梵天旅遊」則是幫觀光客、商務客做印度當地客制化的旅遊規畫；「漢你ＣＥ管理顧問」則是為客戶在印度推廣品牌、設立公司，或者找尋當地人才、住屋、店面等等。而我自己則是協調我的印度團隊和台灣這端的溝通。（有時台灣人聽不懂印度人的英文或是誤解了意思，我便是居中釐清協調的角色。）

回顧在印度長居生活的這十幾年，印度並非像台灣媒體報導的那麼負面或落後（實際狀況並非如此），事實上，印度每個月都有不同新的面貌及發展，而這些是長期居住在印度的人才能看得到的。記得之前都是看到日本人、韓國人手拿著自己國家的人所寫的工具書走遍印度，並和印度當地人做起了生意，我便心想，那麼台灣人呢？台灣人為什麼沒辦法跟韓國人和日本人一樣，可以勇闖印度？

既然如此，我為什麼不能將我在印度披荊斬棘的心路歷程也分享給我們台灣人呢？這麼一來，不僅顛覆大家對印度的刻板印象，也能讓台印交流更廣闊。

就這樣，二〇一七年十二月我動筆寫下了這本書的第一篇文章。

而今，這本書在二〇二三年終於出版了！歷經了六年，此書也和我一樣親身經歷了印度最嚴重的第二波疫情，度過這幾波疫情，也讓我自己親眼目睹了印度在疫情後的跳躍蛻變生長。「不可思議的印度」，可以很貼切地在此再說一次。

我是個白手起家創業的人，沒有雄厚財力及人脈的背景，也沒受過什麼MBA的洗禮，有的是一股對自己不放棄的堅持及對生活的熱情。

希望我的故事／我的書可以讓大家不用和當年的我一樣，需要備滿所有的武器才能打進印度市場；有了這本書，就能勇闖印度。同時也希望台灣人能更了解印度，並成功和印度人做生意，甚至在印度駐點、設立公司，生活在印度。期盼我們可以和日本人一樣，在印度不只有日本村也有個台灣村，讓印度本地企業都可以和台灣廠商合作，一起將彼此的產品發揚光大。

最後，我要謝謝我的家人、我的印度籍合夥人Arun Sir和他的家人，以及這六年對我不離不棄仍願意出版這本書的商業周刊出版部、行銷部等所有幫我完成這本書的人。同時，也要謝謝願意具名推薦這本書的好朋友們，願意在繁忙公務時間下抽空閱讀這本書。

我最後最後要謝謝「印度」，印度讓我的人生添加了許多色彩，「印度」真的是個需要時間去愛上的國家。

第 01 章

印度創業的人生新篇章

1-1

為什麼去印度？——印度讓人好吃驚

目前我在印度的事業範圍有華語教學、旅行社及管理顧問公司。但其實我的學歷背景跟華語或教學，又或是旅行社、顧問公司都是沒有關係的，我也是在跌跌撞撞、尋尋覓覓中，才慢慢建立起我的王國。人生真的很奇妙，每一段看似毫無關聯的際遇，卻一步步成就現在的我。

在轉換跑道中尋找自我

我五專讀的是化工相關科系，畢業後任職於距離家不到二十分鐘車程的日本獅王 LION（即藍寶洗衣粉）工廠。擔任品管職務，主要的工作是測試洗衣粉的水分、經時測試以及密度比。

藍寶在當時是台日合資公司，工廠內不時可以看到日本人走來走去。研發部門的同事們除了上班打卡、和日本人開會外，絕大部分時間都是跟我所在的品管部門共用實驗室，一段日子相處下來後，才發現自己專科所學的尚有不足之處。有一天研發部門的同事問了一個很簡單的量子問題，化工背景的自己，竟然無法像這些研發同事根據化學分子式慢慢算出質量比及不同比例下的旨粒性。當時的我第一次了解到化工及化學系所的不同，深受打擊。

工作半年後，我下定決心辭掉工作，去報考兩所大學化學系的插大考試。我心裡想著若考上就去念書，考不上就另外找新工作。就這樣，在半年時間內，每天惡補自己最弱的物理及化學，終於正取考進了淡江化學系應用化學組。在淡江的日子，只能用一個「累」字形容，但也因此奠定了我的邏輯思考能力。

大四時，同學們都在準備研究所考試，而我也想試試自己在不補習的情況下是否有能力考上研究所。在同學們衝刺考研究所的最後一學期，我則是到處打工、找工作，同時準備研究所考試。後來順利正取東華大學化學所，同學們知道我沒有補習卻考上了，都覺得不可思議。這時我更相信自己是有能力讀研究所的。

大學畢業後，我放棄讀研究所，選擇就業，找工作仍以錢多、離家近為主要條件，在蘆洲找到了一家做化學拋光的小型工廠兼貿易。公司總人數不到二十人，這份工作我確實學到了貿易的所有知識，直到現在還是很感謝當時不厭其煩教我的同事，同時也學到了三角貿易的相關知識及實作操練。

工作一年後，漸漸覺得工作一成不變，有點無趣。當時台灣觀光業正起飛，看著帶團的領隊可以邊工作邊出國玩，似乎生活多采多姿，再加上自己在大學暑假期間都會把打工的錢花在旅遊上，便想試著換跑道當領隊看看。當時透過報紙得知有旅行社在徵商務部人員。因為年紀輕，自認可以一試，就寄了履歷，也收到面談通知。面試時主管直接跟我說：「旅行社很辛苦，工作時間長，薪水又少，除非你有帶團才會有小費。」當時的自己一心想學新東西，管不了那麼多，就這麼把待遇不錯的蘆洲工作辭了。轉向一個月不到兩萬底薪但工作時間得從早上八點到晚上七點的旅遊服務業。

進了旅行社的商務部門，做的不只是銷售，而是從團體標案到個人自由行都要做，工作內容包山包海，我也在其中學到了訂位方式。當時的部門加上我及主管只有五人，後來我考上領隊執照後也開始帶團，才發現旅行社這一行真的不是人做的。每次帶團都會瘦一圈回來，照顧客人的隱形壓力大到無法想像。

在旅行社工作近兩年後，覺得要開始顧一下荷包了，所以又轉換跑道跳到了電子貿易業。工作近三年後，覺得已經熟悉貿易工作，同時也發現自己英文不是那麼好，所以又把工作辭掉，前往西澳大利亞的首府珀斯（Perth），在西澳大學念了一年遊學英文進修課程。這時是自己職涯真正的轉捩點。

遊學西澳，思維重啟

選擇去珀斯進修英文有兩個主要原因：一是當地華人較少，才能真的學到西方人的文化及精進英語；第二就是費用考量。我遊學的費用是之前工作薪水存下來的，當時台灣很少人選擇去珀斯，所以西澳大學在招生時，通常外國學生的學費比起美國、英國便宜，因此珀斯便成了我遊學的首選。我在決定去珀斯遊學後，只先預訂了三個月的寄宿家庭，很幸運地住到好人家。我的 Homema 是位單親媽媽，有三個和我年紀相仿的小孩。

抵達學校，分班後才發現自己是班上唯二的華人，同學們分別來自法國、波蘭、瑞士、韓國、泰國、日本及台灣（我跟另外一位，共兩枚而已），是一個聯合國班。

一年的學生生活，步調緩慢，下課後時常去游泳及野餐，或坐在市區的連鎖咖啡館看人來人往。若遇到長假，也會去南澳農莊玩。

當時寄宿家庭的女兒是兼差工作，我曾問她們，沒有正職的薪水，不會擔心未來生活嗎？她們回答：「這樣才能保持自己永遠都在學習的狀況，如果一直在同一家公司工作，很快就會厭煩而不學習了。」Homema 接著說，「人生應該慢慢走，有時停下來想想自己要的是什麼？」又道，「像 Cannie 很好，可以辭掉工作，來珀斯體驗，也給自己一段思考時間，想想自己在未來這幾年想要做什麼，以及以後的規畫。慢不是不好，而是有更多時間認識自己。」

確實如此。這一年在珀斯，我重啟及調整自己原有的思維。從珀斯回到台灣之後，我不想一直在做業務助理，就找到了一家生技公司，走回本行做市場開發的工作。這份工作也教了我去思考一個好市場是什麼，以及市場產品的價值定位。而這也是我在台灣的最後一份工作。

初識印度

我在這家生技公司主要的工作就是要上網搜尋有哪些實驗室或公司是需要藻類螢光蛋白的。在公司的這段時間，我很感謝當時的主管 Jerry，他是一位很好的主管，教我從茫茫網海中找到潛在客戶、寫開發信、做產品的包裝設計、甚至到包裝出貨……完整的一條龍訓練，另外也不定時要我研讀國外期刊和專利，在國外參展時也能介紹自己公司的產品。在這家生技公司工作二年半後，覺得好像又遇到瓶頸，似乎沒有其他事務能引起我的興趣了，而且每天上下班還要花費兩個多小時通勤，我又有了想離開的念頭。

當時大家都在討論「金磚四國」的話題，我的客戶裡幾乎是印裔美籍或德籍的實驗室的博士們，除了討論產品外也會聊一下印度。此時，印度便開始在我心裡留下印象。另一方面，我想下班後沒事應該去學一些東西，便去找印度文老師學印度語，同時也慢慢接觸並喜歡上了印度電影。

雖然印度電影以歌舞片居多，但裡面的橋段確實可以舒緩身心。當時的寶萊塢電影不像現在有一定的深度及教化人心的內容，電影題材不外乎不同種姓相愛又不能在一起的故事，或是印巴之間的戰爭片，愛情片一定會有主角及配角兩對，劇情也一定會有女主角穿薄紗然後被水淋或男主角在雨水中痴等女主角的芭樂場景。雖然題材都差不多，但確實可以讓人在緊張壓力下放鬆心情大笑。

通常即將上映的電影主題曲一定會比電影還早兩週上市，從歌曲是否受歡迎，就可以略知此部電影是否會賣座。當時覺得印度文像毛毛蟲扭來扭去很好看、印度片很好笑、印度歌曲很好聽、印度舞也很好看，到後來不知不覺只要看到、聽到有關於印度的相關訊息，甚至是印度飾品、衣物、工藝品，都讓我覺得很新奇也很喜歡，雖然衣物的工藝很粗糙，但覺得舊舊的就有故事，很特別。

又過了半年，公司歷經幾次人事異動，再加上產品的品質不甚穩定。同樣的事情發生幾次都無法解決，我的主管也很無奈。後來他被挖角去另外一家公司，問我要不要一起過去。當時的我確實想過跟主管一起跳糟，但自己想創業的念頭一直揮之不去。只不過只要和家人提起創業，又會被澆冷水。我就在要創業還是繼續就業的抉擇中不停打轉。

給自己創業的機會

當時的自己處於人生低潮期：覺得在工作上自己的能力不被認可，心裡便開始反覆地自我懷疑。每天通勤上班，進到辦公室彷彿失去了當初的求知欲及衝勁。當時我處於三十而立的人生交叉點。我的化學系背景，習慣用魚骨圖去分析各種決定的優缺點、可行性，反覆問自己「要什麼」？不斷思考著：「再換工作嗎？然後呢？我的價值在哪裡？」

這時候又想起客戶們曾鼓勵我去印度創業。我便大量收集印度的資料分析再分析，也和朋友們討論再討論，反覆思量，魚骨圖反覆連結及刪除，覺得自己快崩潰了。最後我想起在西澳遊學時 Homema 曾對我說要適時停下腳步看看，及傾聽自己內心的話。最後一次和家人溝通，母親問我：「為什麼要去辛苦創業？幫人工作又有錢可以賺，不好嗎？」

我和母親溝通了很久，我說：「台灣大環境一直在改，產業也一直在變，你根本不知道SARS會不會再來一次，所有中小型企業都無法倖免。趁我現在想去做這件事的勇氣還在時，就應該去執行，何必要等呢？說不定我半年就失敗了，但是如果今年我不去做件這事，我明年還是會想試的，與其這樣，為什麼不支持我就在今年去試試看？」

母親又再抛一個問題給我，「你不打算結婚嗎？」

我說：「婚姻的事是天注定的。縱使一直在台灣工作，沒有對象還是不會結婚。再者，結了婚以後確定就能跟老公走一輩子嗎？有可能也會離婚。主導權不在自己手中。那麼，去創業是自己辛苦也願意去付出的，若成功就可以擁有自己的事業，若不成功也沒有關係，至少自己的人生比別人多了那麼一點體驗。」

我們都有可能活不過四十歲，也有可能活不過明天。與其想那麼多，不如直接起身，做了再說。

「無論會不會自行創業，我應該先讓自己停一下，出去走走。緩一下、想一下，讓自己休息一下。目前只有印度我沒有去過，所以，我想那就去印度吧，反正就當是旅行兼看市場。」辭掉工作，放自己再出去流浪一下，順便去看看印度長什麼樣子。若此行真的覺得印度不錯，那很好；若不像自己想像的那麼好，那就回台再找工作就好了。自己是理工背景又有貿易的底子，屆時再回台灣也不怕找不到工作。

就這樣，母親拿我沒輒，也就不再反對。只說了：「自己的人生，要自己負責。」

沒多久，我把工作辭了，同時著手規畫印度行程，就這樣開啟我的印度冒險之旅。我在印度自助旅遊了兩個月，從北印走到南印，途中加入兩位台灣女生一起旅遊。

在印度旅遊兩個月的日子，發現處處是商機。台灣有的，這裡幾乎沒有、也看不到；印度看到的東西，也是台灣早已失傳的，很多手工製品有溫度，也很獨特。因為印度產品的獨特性，我更確定自己可以開始做小型貿易。

在旅遊印度期間，這個國家讓我吃驚的地方真的很多，山區人們的友善如同台灣，城市的人們則以生存為優先，到處騙觀光客的錢。每天心情就像是洗三溫暖，上一刻碰到想騙我錢的無良商人，下一刻就碰到熱心到不行的友善人家。印度不若台灣，沒有任何的SOP可言，對不安於現狀的我來說，覺得很刺激。這個國家確實很有趣很好玩。

下定決心落腳印度

結束印度兩個月的旅行，返台後我一直在想，若是要照以前阿公時代，以跑單幫的方式販賣舶來品，那麼一趟機票錢約兩萬八千元，以一年來回四次計算，以及必須時常往來大城及採貨區，估算一下交通費及來往的住宿費，產品還沒賣出，就必須先支出一大筆錢，成本開銷太大。得在當地租房子才能把成本降低，同時，也可以先用網路商店方式，把產品先上架到當時還不用收費的雅虎（Yahoo）及其他網站。在產品還沒有寄回台灣前先行上傳到網路，有興趣的人可以先下單。但誰可以幫我收貨呢？想都不用想，母親是最佳人選。

母親百般不願意，仍不放棄要我找其他工作，甚至提出出錢讓我回珀斯找 Homema 的主意，母親說：「回珀斯除了找 Homema 外，也可以好好想一想你的下一步。」但當時的自己滿腦子都是想要自己創業，及再次踏上印度這個好玩的地方，對其他國家都不在意，所以母親的建議都被我一一駁回，我只想去一個地方，那就是印度。母親看我心意已定，便也同意在初期協助我在台灣收貨。

在畫魚骨分析圖時，我又想到，若可以在當地有小額收入來打平住宿開銷，我的資金應該不會太早燒光，落得提早戰敗回台的命運。那麼要如何獲得收入？我想，不如就邊採購商品上網販售，邊教中文好了。那麼多外國人在台灣都可以在麥當勞教英文，我為什麼不能也在咖啡店教中文？外國人都能這麼做，我也應該可以。

當時認為這種方式或許可行，也沒有想太多，只覺得若要出國創業，應該多準備一點武器。若是要教中文，應該怎麼教？於是我便上網找了一些華語師資的培訓課程。很幸運，那時想要當華語教師的人不多，有師大、華文會及台大三家有開設華文教師培訓班，而台大國際華語研習所（ＩＣＬＰ）的開課時間剛好符合我的空檔，就這麼去報名了。上課時，授課老師問大家要去或想去哪裡教中文，只有我一個人選擇印度，其他學員不是英國就是美國。

結束近兩個月的密集師訓班後的隔天，我背著包包，加上幾本中文教材，就這麼橫衝直撞地飛來印度了。

我再度踏上德里的時節為五月，氣溫是攝氏四十七度。

1-2 初探印度——從聽印式英文開始

時間序回到二〇〇五年十月，我辭了工作，預計到印度自助旅行兼看市場。那是我第一次踏上印度，我搭乘泰航在凌晨近一點時抵達印度新德里。當飛機慢慢下降時，我從空中向外看，只看到黑壓壓的一片，連路燈都好像很昏暗。落地後過了海關，在等行李的空檔我去了一趟廁所，女廁門口上掛著很像女生但又不像女生的印度人圖像，向上看也沒有看到英文 Toilet 字樣，只有寫上 Washing Room 外加上一堆很像泰文的毛毛蟲文字（後來才知道那是廁所的印度文），心想真的走錯就算了，便硬著頭皮進去，幸好沒走錯。

機場內燈光很灰暗，連大廳的輕鋼架都殘破不堪，還可以看到天花板在漏水，地上也放著很多桶子在接水，就很像這裡才剛被炸彈轟炸過不久。我背上自己唯一的行李——40 L 登山背包——往機場外走去，發現機場大門貼著全黑隔熱紙，根本看不到裡面與外面。

第一次的印度行

記得我出機場時已經半夜二點半左右，已先預定了一間在巴哈甘吉區（Paharganj）的青年旅館接機服務，心想應該跟去其他國家一樣，只要大門一開就可以看到非常明亮的場景，同時也可以看到拿著寫有我名字的牌子來接機的司機。結果黑門一打開，迎面而來的是一雙一雙睜大雙眼的印度男人們，距離自己可能不到二公尺。當時半夜兩點多，雙眼在這麼近的距離和這麼多印度男人四目相對，瞬間感覺像是被雷劈到一樣，心臟漏跳一拍，雙腳也立刻自動退回黑門後（當時的機場大廳內）。是的，自己被這非預期的情況給嚇到了。

除了因為機場大門外全都是男人外，更因為每雙眼睛都睜得超大地直盯著自己看，真的很嚇人。退回機場內的我緩了一下情緒，心想，之前在台灣規畫了那麼久的時間，就是要來看看每次都從領空飛過而沒降落的地方，怎麼可以因這小事就打退堂鼓！再次深呼吸，告訴自己，沒有什麼可害怕的，往前踏出去吧！我手中拿著預定接機的青年旅館名字，眼睛直視前方，一鼓作氣踏出了機場大門。當時未曾想過，這一踏就讓自己和印度結下了這麼久的緣分。

我當時的旅程規畫是德里（Delhi）、瑞詩凱詩（Rishikesh）、西姆拉（Shimla）、齋浦爾（Jaipur）、烏代浦（Udaipur）、中央邦（Madhya Pradesh）、孟買（Mumbai）。第一站從德里開始，在巴哈甘吉區旅人只要一出了旅社，就會有很多 auto（電動三輪車，常做為計程車用，也就是俗稱的嘟嘟車）司機在外面等著載客，當時年紀小膽量大，看到了黃綠相間的 auto 只覺得很可愛、很好玩，便包了一輛 auto，接送自己前往幾個觀光景點。我的運氣不錯，遇到的 auto 司機也很好，不像背包客棧或旅遊指南《孤獨星球》（*Lonely Planet*）上說的那麼可怕。待了一週後，就搭火車前往很有名的瑜伽聖地瑞詩凱詩。

挑戰印式英文，egg minute、prepone 是什麼？

有幾次我要詢問事情時，auto 司機、小販和當地人都會一直跟我說「ek minute」，我之前以為是 egg minute（雞蛋一分鐘），心想：「煮蛋煮一分鐘嗎？這跟我問你的事，有關係嗎？」

例如，有一次等火車，很害怕錯過火車，因為當時車站月台及站內都沒有電子看板顯示列車停靠月台及時間。詢問站務人員，他回答火車「Prepone」了，我一時沒聽懂，請他再說一次，他不理我，轉身就走。我納悶自己怎麼沒學過 prepone？立即用字典查還是找不到這個單字，不安感不斷湧上：「站務人員到底在說什麼啊？」「火車到站跟這個 prepone 有什麼關係？」

我也曾碰過一起出遊的印度家庭在火車站等火車時，家庭成員問我：「Are you out of station?」我心想我在 station 裡啊，這又是說什麼呢？

旅行期間，這類經歷時不時發生，讓我不禁反問自己，我的英文有那麼差嗎，怎麼都聽不懂印度人的英文？經過一年長居印度後才明白，ek minute 是指一分鐘，由印文數字「ek」加上英文的「minute」，二者合在一起，叫做 ek minute。

至於prepone，原來是印度特有的用法，prepone就是ahead of schedule（提前的意思）。那麼為什麼用prepone呢？這是從postpone這個英文字延伸出來的，post-pone的post是延後的意思，相同的邏輯之下，pre是指之前或提前，聰明的印度人就順理成章，把post-pone改一下變成pre-pone，不就是提前的意思嗎！

而「Are you out-of-station」的意思原來是「Are you out of town?」（你是出城嗎？）言下之意是問你是外地來觀光的還是本地人？印度由於被英國殖民一百多年，不時會有軍隊移防及派駐在各地，所以慣用station這個字，自然而然地出城就會用「out of station」而不用「out of town」。

買東西不找零

有一次我去買東西，水一瓶十盧比，加上其他小零食大約是六十九盧比，對方竟然要我給一百一十九盧比，我心想，為什麼要給一百一十九盧比，而不能直接付一百盧比，你找我三十一就可以了。我問他是不是他沒有零錢，結果他頭左搖右擺地回了我。我看不懂他到底有沒有零錢可以找，他的頭又左搖右擺重複一次，這樣是有零錢還是沒有零錢？我又再問了一次，他才開了尊口回我說：「有零錢。」但同時他又要求我付一百一十九給他。當下我覺得可能是他聽不懂我的意思，或是我的英文真的不好，而且自己又花了一點時間站在那裡等結帳，最後我還是付給他一百一十九。他找了一張五十面額的紙鈔給我。當時真的不知為什麼大家都好像沒有零錢可以找。

後來長居印度久了之後才知道，在印度要找零錢很難，所以大部分的人都不會輕易給零錢，而是一直要你付零錢，這樣他們可以給你整數。

令人不安的 Ashram，及等了一個晚上的奶茶

旅程來到赫爾德瓦爾（Haridwar）。一出火車站，碰到一些西方背包客，其中一位問我要不要跟他們共乘 auto 去瑞詩凱詩，共六個人，一人只要五十盧比，我當下就答應了。我們很快就到了瑞詩凱詩，住進 Ashrama（印度教中的靜心村或修道院）。這間 Ashrama 什麼都沒有，只提供一間房間，房間有著一盞小油燈，沒有床，沒有桌椅，只有水泥地，窗戶是像關犯人的那種鐵欄杆。

這裡是修道的地方，所以一切回歸最原始的面貌。以當時我的思維，好的居住環境的定義應該是「乾淨、明亮的空間」。聽說一晚只要新台幣一百元，我也就跟著大夥住進 Ashram，但眼前的景象著實讓我嚇了一跳。

這裡沒有床，只有鐵欄杆，必須睡地上，周遭堆放各種雜物。洗澡得走出去摸黑找到公共浴室。當下自己心中充滿著不安，也不敢洗澡，因為得自己一個人從三樓走至一樓，樓梯沒有扶手，加上我抵達時間已經很晚了，Ashram 的所有信徒、住持、觀光客幾乎都睡了，整個 Ashram 烏漆墨黑一片，我的房門關起來時竟然還可以從裡面看到外面的細縫，也沒有正常的鎖可以鎖房門，讓我坐立難安。

為了和緩緊張的情緒，便想點一杯熱茶。入住時有一位印度人登記了我們每個人的護

照資料，我就下樓找到他，點了一瓶水及一杯熱奶茶。等待了一段時間仍沒有送來，又摸黑下樓詢問，對方說等一下就會送上來給我，我只好盯著房門，半睡半醒地等著我的熱奶茶。結果，一整個晚上都沒有送來我期待的水及奶茶。隔天一早我問怎麼沒有送水和熱奶茶來，對方也是笑笑的沒有回答。

前晚的住宿經驗很不好，所以在當天我早早就背著背包離開了瑞詩凱詩，前往西姆拉。後來瑞詩凱詩卻是自己長居印度時喜愛的地方之一。

結束第一次的印度行

從瑞詩凱詩搭客運到西姆拉，在瑞詩凱詩車站賣票的人說，只要五小時就可以到達。但旅遊指南上寫的是十小時車程。當時是下午兩點，我認為賣票的人說的應該才是對的，書上寫的是錯的，看了地圖好像也不遠（當時還沒有手機網路更沒有 3G／4G／5G，只有 NOKIA），就這麼買了票上了車。最後到達西姆拉的時間為凌晨一點（第 252 頁描述了旅途詳情）。

在西姆拉待了幾天後，再搭火車返回德里。晚間抵到德里，下了火車，發現異常多的警察走出車站，竟有更多警察在巴哈甘吉區，還有一堆人往外走（只有我及少數旅人往內走）。到了旅館，經由旅館人員告知，才知道印度發生了第一起恐怖攻擊事件（二〇〇五年的德里爆炸案），就在前方不到五百公尺的地方。很多外國背包客趕忙 check out，只有我在辦理

check in。旅館人員說：「還好你是現在才到，不是下午爆炸時間。」我聽了趕緊打電話回台灣報平安，家人收到電話後安心不少，事發時家人一直撥我的印度電話都無法接通，擔心我遇到了這次的爆炸案件。

由於爆炸案件，所以我在德里多滯留了一週，然後再搭巴士前往齋浦爾，走訪粉紅之城和烏代浦湖光之城（是我最喜愛的地方）。

兩週後，順著往東走訪卡修拉荷（Khajuraho）、歐恰古城（Orccha）、占西（Jhansi）。原先主要是想去看卡修拉荷的西寺廟群，但由於路程比較遠，希望能再多看一些景點，又透過旅遊指南上的資料找到了歐恰古城。這座古城和之前我旅遊德國時的柯隆大堂有著一模一樣的深沉氣息（陰森氣息）。而占西是中印度區主要的交通轉運站之一，故從占西搭了火車前往阿格拉（也就是泰姬瑪哈陵所在地），並順著返回德里。在德里再休息個幾天，搭乘火車特快車前往孟買（車程十七小時）。

在孟買走訪印度門（Gateway of India）、賈特拉帕蒂．希瓦吉．摩訶羅闍車站（Chhatrapati Shivaji Maharaj Terminus，前維多利亞車站）等著名景點，發覺南印北印的風情有著天壤之別，說的英文不同、吃的食物不同、衣著穿法也不同，非常有意思。兩個月的印度之旅，就讓我深深愛上這裡，更下定決心一定要回到印度，挖掘更多沒發現的寶藏，在這個既美麗又有趣的國度一圓創業夢。

再隔兩週，為期兩個月的行程結束，我從印度飛回了台灣，此次印度行也劃下了尾聲。

1-3

再探印度——我在印度找工作機會

相隔不到一年，當我再度回到印度時，心情卻截然不同了。第一次的印度行，是抱著走訪未知國度的探索精神，而這次我認真地思考：自己可以在這片土地上做些什麼事？雖然不確定能成功，但我想試看看。

再一次回到德里後，我在青年旅館待了幾天，思考著後面的路該如何走。心裡有藍圖後，開始著手第一步：找房子。十幾年前仍是利用數據機（modem）撥接上網的時代，而我每天固定會去網咖報到，透過網路也看到了一堆 1BHK、2BHK、PAYING GUEST HOUSE 等等不熟悉的字樣。但因為德里的範圍太大了（當時德里從北到南沒有捷運，不塞車也至少要二小時以上，距離可能是從基隆至新竹，東至西也差不多要二到三小時的車程），且不確定哪些區是安全的。後來剛好看到台灣政府在德里萬灑維哈（Vasant Vihar）設有代表處，二話不說立刻招了一輛 auto 直奔台灣駐印度代表處，想直接去問看看哪些地區比較安全，適合找房子。

經過幾個小時的奔波，我卻帶著失望難過的心情回到青年旅館。我被台灣駐印度代表處拒絕協助，那位當地的台籍雇員直接告訴我，他們只有對印度人核發簽證的服務，不服務台灣人。我只是要詢問德里適合居住區域的資訊而已，並沒有要求官員們親自出門帶我去找房。當天晚上在旅店內泡著自己從台灣帶來的烏龍茶撫慰了一下內心，也對自己打氣：在這陌生的地方，又沒有權力背景，本來就不會有人可以幫自己，你怎麼那麼傻呢？

想想不甘心，隔天我再上網查詢到一些租屋的住址，也不管三七二十一，憑著一股衝動與傻勁，又包了一輛 auto，跑了一些區，大約花了一週時間，把德里及古爾岡（Gurgaon）這二區都跑了一遍。天公還是疼憨人，終於讓我在古爾岡的南區找到一間小房子。確定房子沒問題後，隔天我就和房東簽約了，房東提供電信公司巴帝電信（Bharti Airtel）人員電話，又花了一陣子才把網路裝好。

華語教學生涯啟動

有了網路後，每天做的首要事就是利用 Skype 和家人報平安。而想在印度生活，必須要有重點生存技能才行，教中文是我的第一個武器。我利用之前在台灣工作時受過的訓練：透過網路找客戶，以各式各樣的平台把「學習中文」資訊放上去，大約一個月後，找到了我的第一位學生，也開始了我的教書生活。

在教了大約三個月後，學生看我只有一個人，順便把我介紹給朋友及其他印度人開的學習中文的語言中心（CLI，此機構目前已關閉了）。就這樣慢慢地，一個拉一個口耳相傳，我也開始有了固定的學生。同時也因為學生的介紹，而讓我有機會教到塔塔集團（Tata Group）的TAS群（Tata Administrative Service，簡稱TAS計畫，是塔塔集團針對校園和集團內部人才所設計出的內部領導力計畫）。

Tata的培訓中心位在浦那（Pune），因為上課時間很密集，所以也提供住宿，在Tata上課的講師們都有個人獨立的房間。培訓中心占地很大，除了幾棟不超過三層樓的建築物外，有很多大樹及綠地，像一座大型公園。這裡設有很多教室及會議室和大型會議廳，除了語言訓練外，也有管理相關訓練課程，中心裡面提供各式餐點，講師們和學員們是在不同餐廳用餐，晚上若有活動則是由晚會安排供餐，但這類晚上活動比較少就是了。在Tata授課時，學生們的反應性及活潑程度比在中心上課的其他學生好，確實很優秀。

兼做翻譯工作

當時印度對中國的貿易仍未開放，也仍存在著中印情結（中印一向有邊境的問題），還有印度人不覺得學中文有助於他們的未來發展，所以中文學習的人口有限。可是我卻發現有很多公司老闆及辦展覽的主辦單位，因為有來自中國或台灣參加展覽的廠商及印度老闆買了機器，但必須透過中籍技師做技術轉移，因此需要中英文對翻的口譯人員，也需要筆譯。

所以我同時也透過網路宣傳自己可以接翻譯的案子。

印度有很多客服中心需要短期口譯或是筆譯人員。考量到當時我教書的日程幾乎都已固定，其他時間可以練習英文，所以就接了翻譯的案子。我選的翻譯工作幾乎都來自大公司，我會先看這家公司的位址及在網路上公開的資訊，再判斷是否安全可以接案。我曾挑了幾家固定配合的公司，工作時間從早上六點半到下午三點半，公司車一早會來接我，也會送我回到原地，就不需太擔心安全。

也因為接了口譯的工作，間接認識一些當地人，而這些人再轉介展場的翻譯工作給我，工作便陸續進來，例如中國鐵達時表二天一夜參訪團和巧克力的秀展翻譯等等。翻譯工作範圍也從陪客戶拓展到直接進到市場裡，看當地市場狀況及現場解說，也就是直接帶客人實際探訪當地大盤市場，及帶著他們和大盤或經銷商面對面談生意。

還有一些工廠的翻譯工作，我考量到身為女性，又要出城，有安全的顧慮，剛開始並沒有接工廠的翻譯，但後來因為生活比較拮据，就硬著頭皮接了一個月的工廠翻譯工作，我很幸運，後來這家工廠的翻譯工作也穩定下來。之後便只接固定配合過的公司及工廠，若有新的案主進來，我就會做很多像是距離、安全等等的評估，來衡量是否可以接下這個案子。

珍奶也無法讓印度人心動？

在印度除了教書、翻譯外，我也發現了一些商機，比如台灣有名的珍珠奶茶、台灣茶等全球都愛但尚未開發印度市場的飲品就可以嘗試引進。因為什麼都沒有的市場正是可以開發的好市場、就是有機會的市場。每當從台灣回印度時，我的行李裡除了簡單衣物外，還會帶著台灣的烏龍茶及波霸珍珠，想著若有機會就可以試著賣賣看，測試市場反應。

珍珠奶茶是台灣的國民飲品，我想知道印度人對珍奶的接受度，有時也會把煮好的珍奶分享給附近的鄰居及店家。大部分印度人的反饋都是很好吃，但不會自己主動去買來喝。聽到「不會主動去買來喝」時，覺得這真的太奇怪了，印度不是也有賣奶茶嗎，對奶茶類飲品應該接受度很高才對，為什麼無法掀起風潮呢？我就這樣嘗試近半年，成效始終不如預期。

後來才發現，印度人不愛喝珍珠奶茶的原因和印度的飲食習慣有關。印度人不太愛咀嚼食物，他們對於食物的烹調方式，都是先絞碎後煮爛才食用，所以不愛一直咀嚼我們認為有彈性好吃的東西，珍奶裡的珍珠就打不進印度人的心。

至於台灣烏龍茶為什麼也失敗呢？因為印度人喝茶的習慣是要加超級多的糖，連烏龍茶也不例外。看到這情形，推廣烏龍茶的想法也被我先擱置了。

珍奶不負眾望打動印度人

近年在印度德里 NCR 區珍奶已漸漸受到印度人喜歡。目前在德里有名的商場或 shopping mall 都有人在賣珍珠奶茶。同時，印度人對於健康的概念已和以前不同，現在很多人都開始並喜歡喝綠茶（不確定是否加糖）及烏龍茶，同時也有人在賣體店面及網路上販售這些茶品。這兩年的疫情，讓印度也有了微妙的改變。

印度找工作難不難？

從我長居印度的經驗來看，我覺得在印度找工作不難，我不也是從零開始，慢慢累積起外鄉人在異地的工作經驗嗎？只要你有專業能力，做出口碑，工作機會一直都有。

然而，判定哪些工作是安全的或許才是最困難的部分。我曾碰到客戶要付給我超過常規的行情價，擔任半天翻譯，一小時三百美元。我當下直接以檔期無法配合為由婉拒，因為我認為超出正常值的費用是有問題的，為了安全，寧可推掉一些工作，也不要讓自己身陷危險中。畢竟人在海外，若是不幸出問題，難找援手。

另一方面，想多接到工作，就不要設限，要勇敢地嘗試各方面不同領域的工作，才能愈挫愈勇，工作機會慢慢增多。不只在印度如此，我相信到任何地方都是同樣的道理。

返台，進修，再出發

再次回到印度，待了近三年，不如預期的那麼順利。不僅自己帶來的資金快用完了，也因為要節省平日的生活開支，長期吃泡麵，導致營養不良，把身體搞壞了。外加上當時學中文的學生仍很少，所以就決定收拾行李，先返台休息一陣子，再看後續怎麼走。

回台期間，為了讓自己持續進步，思考下一步，以及可以有一些小額收入，讓自己在這個「停滯期」不至於空轉，所以應徵了文化大學華語文中心的中文教師。三個月後，在台灣生活步調穩定了下來，但對未來就少了積極的動力，找不到人生的希望。在台期間，更不斷回想起前幾年在印度生活的過程，雖然充滿了辛苦及挫折，但總覺得這才是當下的自己需要的「挑戰」，這個成就感是台灣的穩定生活無法滿足的。所以在台期間我除了持續教中文外，也去上了一些華語文研討會及其他的中文工作坊課程，讓自己不要浪費在台灣的時間，把中文教學工具及知識在台灣繼續補齊、充電。而「回到印度，再接受這個國家的挑戰」的念頭，也從來沒有斷過。

又隔了一陣子，催促自己再度前往印度的內在聲音愈來愈大。每天下課後就不斷思索，若再回印度，我應該要再試著發展其他業務，讓我真正能夠立足於印度，那麼這個業務又是什麼呢？

筆記本的樹狀圖畫了又畫，有一天我想到了旅遊！

可以再進去印度從事旅遊業！透過我曾在旅行社工作及帶團經驗，再加上印度豐富的觀光資源，各有特色的國家公園、豐富的世界文化遺產、絕美的山林地，除了硬體建築外，印度還有精彩的文化藝術，如享譽國際的阿育吠陀瑜伽及印度傳統八大古典舞、西塔琴、塔布拉鼓和各邦各有其特色的工藝及紡織圖騰。若可以藉由幫客人規畫行程，來傳達印度的美，這有多美好！想到這個新方向，便興奮不已！

和家人溝通新方向之後，家人也從反對我再進去印度轉而支持。得到家人全力的支持，沒多久我就又再次踏上印度這塊土地。

以旅遊業重新開始

帶著新想法回到印度後，此時發揮了我以前在旅行社的本領，第一個月就開始著手去找可以配合的飯店業者及車行。我一家家查訪飯店的乾淨度和安全性及設施，雖然是個體戶，但大部分飯店業者都很樂意和我配合，所以在回印度後的一個月，就找到了一些飯店業者。至於車行則花了一點時間，總算找到能夠配合的車行了。

在確定自己手上可以配合的飯店和車行後，就根據我之前去過的地方重新規畫，並加入其他有特色的景點，然後就在網路上刊登行程。剛開始，自己也是「背包客棧」的背包客身分，不時會回覆在地資料給即將來訪印度的背包客。慢慢地，我開始在網路上規畫行程及招攬自由行的客人，同時也利用自己的部落格刊登一些行程，還有透過各式各樣的網站把自己的在地服務登上網路做行銷。當然在台灣的朋友也幫忙將我的行程介紹給需要的人。很幸運地，不到三個月後開始有自由行的客人跟我買行程了。

在持續和各家飯店配合時，與一個旅遊部門的經理在合作了幾次後，我直接邀請他與我合作成立公司，老天很照顧我，我就這麼在無意中找到可以信任的合夥人。我們一起合作直到現在。

我的合夥人來自山城（喜馬偕爾邦），我覺得在山城長大的孩子通常比都市人來得誠信及善良。他隨著父親工作而移居至阿姆利則（Amritsar，黃金寺廟所在地）。因為想要到大城闖一闖，故從阿姆利則直接來到德里，在德里第一晚還睡在德里火車站。他和我有相似的背景（白手起家，背後沒有財庫支持），在我想要設立公司時，我覺得他是個不錯的人選。另外，他也是極負責任的人，例如司機車子沒有到、客人住房有問題、行程景點的建議等等，他都會很快處理好並安排妥當。

若是當時沒有找到合適的合夥人，我想我應該就沒辦法在印度繼續下去了。還好，他覺得也可以和我合作看看。公司成立後，透過他，我知道更多深入的景點，與印度飯店、車行的溝通，也比我自己溝通來得順暢許多。飯店及車行得知我們公司是台印合資公司，比較願意合作，並試著達到我們公司的要求，比如司機不可以遲到、車子要乾淨，三星飯店房間必定要乾淨等等。當然以上條件尚無法達到台灣服務業的要求，但以印度的旅遊服務標準來看，算是可以接受的。

成立公司後，我從一個背包客自由工作者轉為一個旅遊服務公司，並由單區旅遊點（如德里、阿格拉、齋浦爾等）轉拓展到全印度的旅遊服務。不僅如此，我在踩線時，更透過我的合夥人提供更多在地資訊（如景點、當地農產品、語言、人品、食物等）而更深入當地，讓我的旅遊行程多了一些文化／經濟特色，比起其他同業更具競爭優勢。

人生新際遇

除了旅遊業務持續進行外，透過中央社當時的駐印特派員，台灣駐新德里代表處發現竟然有一位女生在德里自行創業，而與我聯絡上。同年，自己也透過代表處跟當時駐德里的台幹們有了一些聯繫。我從一個人生活在說印式英文的環境裡，多了一個可以說中文及台灣國語的環境，確實增添一份溫暖的感覺。

同時透過中央社當時的駐印特派員，把我介紹給佛光山的慧顯法師，當時的佛光山文教中心正在找中文教師，去教導他們從各地找回的釋迦族後裔。剛好我當時的業務及中文課沒那麼忙，想讓台灣的正體中文可以在這些佛教子弟身上延續，為佛教略盡心力，因此有了這次難得的經驗。這些學生算是我的第一批青少年中文學習團體班，每個人都很靦腆有禮貌。這些佛教子弟中的有些人後來被佛光山送來台灣讀書，繼續深造佛學。直至現在，我想到這段與佛門子弟相處的日子，還是很開心呢。

隔年（二〇一〇年），德里台商會正在籌備，我是當時唯一一位在德里創業的人，所以當時的經濟組徐大衛組長（前國貿局副局長，已退休）邀請入會，在二〇一〇年成為德里台商會的監事之一。自己從監事、總幹事、秘書長、會長直至今日仍是德里台商會幹部之一（監事兼秘書長），我也曾任印度台灣商會聯合總會的秘書長（目前印度台商總會沒有運作）。從德里台商會到總會，我認識許多前輩，透過他們也學習很多。

如果我沒有再回到印度，我不會知道自己也能成為台商會的重要幹部，為遠道而來的台灣朋友提供些許幫助；如果我沒有再回到印度，我不知道原來印度有著非常多但尚未被世界旅人走訪的美麗風景，是需要時間愛上的國度；如果我沒有再回到印度，我不知道我也能為佛教貢獻小小的心力。這些都是我在台灣規畫要再次進來印度時，不曾想到會有著與第一次那麼大的不同及際遇。

印度，真的很奇妙。

我，謝謝印度給我這個第二次認識它的機會。

1-4

在印度過日子——不完美就是完美

在印度這十多年來，我愈來愈覺得雖然印度沒有歐美國家這麼好的設施及生活環境，但是，印度人的生活態度，確實讓先進國家趨之若鶩。在印度很多事物尚未工業化，正因為沒有趕上工業化（或許是印度的福氣），生活在這片土地上的人（不論是當地人或是和我一樣的外來移居者）可以依照自己的節奏去享受生活——一切回歸到原始的純樸、自然和慢活。

在一切都講求SOP的國家的人，來到印度很容易會亂了套，因為印度的一切都是在「非標準作業流程」下產生，沒有單一準則或參考點，也因此很難統一規範。若印度可以統一規範所有事，就不會有「Incredible India」（不可思議的印度）的雅號了，也不會像台商們說的是「艱難市場」。印度是跟隨自己的節奏，每個人都有一個獨立的時間軸，也有各自的運轉方式。

在印度的生活步調確實比較慢，相對的

外在物質的要求也比較少，例如娛樂場所就不若台灣豐富。或許印度的髒亂讓人直搖頭，也可能出於對印式英文不熟悉，印度有太多不確定的事情使人裹足不前，但在來來回回印度的日子裡，儘管缺乏硬體設施，我最終還是找到自己真正喜歡做的事，進而願意長期生活並貢獻在此。只要你願意更深入了解印度，我深信，印度絕對可以是安居並樂業的地方。

「複製貼上」在印度不管用

很常碰到想搭著順風車來印度吸金的台灣人，拿著過去在東協國家操作成功的方式前來，以為前面都成功，這次如法炮製複製貼上就好，但奇怪的是，這些人到後來幾乎是失敗回台。

請記得，印度和其他東協國家語言不同、文化相異，也沒有太多華人，以其他東協國家的方式複製貼上是萬萬不可的。在印度，每個人都是獨立的時間軸，每個人都有不同的做事方式，跟其他國家確實有很大的不同。這裡講求的是「腳踏實地的真實力」，不能複製其他國家的成功經驗（曾有人說中國經驗直接複製在印度就可以，然而這是不可能的）。若以這種方式來對待印度，相信多年後一定會有很多「有趣」的故事。台商們來到印度時可能發現，情況相似，卻沒有相同的解決方式。所以真實情況是，每遇上一個例子都是新例子。我稱為「N＋1」，這「N＋1」可能是解決方式的＋1，也可能是瑣事＋1，但無論如何，長期生活在這「N＋1」的環境中，久而久之，自己也就習以為常了。

站在別人的土地上掙一口飯，一步一腳印地生活，或許大家會說很「浪費時間」，但投資的時間是值得的。也有人會說「太麻煩了」，在台灣習慣方便，遇到麻煩就是花錢了事，然而這在印度完全會得到反效果。花錢未必了事，只會花得更多，事情愈來愈多，到後來筋疲力盡。印度從日常生活瑣事到公司業務收款等等大小事不斷，若可以找到一個平衡，一件事一件事慢慢解決，就會跟我一樣很自在的生活。

不完美的印度，完美的人生

我很開心迄今還在印度生活，因為在印度，我可以慢慢地找出自己的存在價值，對我而言，在印度精神生活大於物質生活。每次回台灣遇到一些朋友，他們最常問我：「你在印度那麼久，應該口袋滿出來了喔？」我的回答都是「搖手」（為何台灣人的想法中，出國很久即代表賺大錢？）。我很想問：什麼是賺大錢？定義何在？我可以很大聲地說：「我有賺大錢，但那是精神生活滿滿的錢。」在大家眼中應該很不可思議，或許我並不像其他海外台灣人那麼有錢，但夠用就好，因為我覺得人生的價值不是只有金錢，應該有其他的東西，這些「其他的東西」，可能視每個人的需求而有不同，可能是價值感、存在感、意義等，並非金錢可以計算。

我經常和朋友說這句話：「不完美就是完美」。來印度生活，這句話的逗點要放在哪裡，取決於你自己。你覺得你的逗點要放在哪？

「不完美，就是完美」還是「不，完美就是完美」？

我的人生因印度的不完美而完美，因為它隨時帶著開放的心，迎接新的移居者到來。

第02章

原來印度是這樣

2-1

印度人的性格——歡樂、直白、心臟大顆

初到印度時，我還不清楚印度人到底有什麼特質，所以在與印度人交談時都抱有一定的防備心。

後來在印度居住的時間愈久，愈發現印度人的差異很大，有的很單純且不計較，但也有的錙銖必較。有的印度人做事大咧咧，但也有的很仔細。我們台灣人說「一樣米養百樣人」，相同地，在印度也是「一片roti（薄餅）養千種人」。以下分享一些印度人比較顯著的特質：

不計較的個性

比方說，有一次教學中心不讓仍欠學費的學生進教室，結果學生很不開心，跑到辦公室對職員大小聲。但是，過了幾小時他線上繳清學費之後，隔天就像完全沒事一樣，在辦公室談笑風生，大談以後工作的規畫。

又例如，有時在超市或是小店買東西，若結帳時是二〇一或是一九九盧比，又沒有零錢可付或找，收銀員或店家會說下次再給，或乾脆不必付了（想不到吧！）。就店家而言，每日的收款一定會有些許落差，所以通常不會因為少收一元而跟顧客耗很多時間，甚至惡言相向。又或是在馬路上開車時有小擦撞，他們也只是下車看看，雙方說了一下「沒事」就開走了。諸如此類的事，其實經常在生活中看得到。

不喜歡悲苦的事情

二〇一八年左右，台灣的觀光局在德里辦了一場台灣電影展，展前邀請一些印度主流媒體來觀賞，受邀參加的媒體中有我們的學生。電影展中放映的影片是比較寫實、負面、悲情的題材。影片放完後，這些媒體人私下來問，不是要行銷台灣嗎，怎麼都選擇比較灰暗的題材，這樣還行銷得出去嗎？其實，站在台灣的角度，是希望可以讓大家認識「真實的台灣」。當下也有媒體人直接反問，若大家還不認識台灣，不是應該以美麗的一面去吸引人嗎？這樣的作法是要行銷台灣，還是要貶低台灣？並表示這樣的電影行銷方式根本會造成反效果，不會有印度人想去台灣旅遊。再者，身為媒體人，看完了這些電影，很難下筆去寫出正面的評價，現場就很多印度媒體同聲附和。

我的學生是在 Times of India 工作的媒體人，「主辦單位根本不懂如何行銷台灣，」學生跟我說：「應該要讓你們公司行銷台灣才對，你們在這裡除了培養印度學生學中文外，又在台灣行銷印度的旅遊，也幫印度推廣觀光，你們比其他人更深入了解印度，你們觀察的角度一定跟他們是不同的。」

沒錯，印度人不喜歡太悲哀的故事或是題材，大家熟知的寶萊塢幾乎都是比較歡樂、正面的取向。印度幅員廣大，貧窮人口也不在少數，在日子難過之餘，能看場電影或是聽到比較開心的事，算是在辛苦生活下美好的調劑。基於這樣的特質，很多時候我們在問印度人一些問題時，他們大部分（九〇％）都會回答：「沒有問題」、「別擔心」。因為，站在印度人的角度來看，就是不想讓你得到失望的答案。但也因為這個民族性，而導致外界對印度人下了「印度人只要說沒有問題，就是有問題」的註解。

不隱藏的個性

每次從台灣回印度，我都會帶一些台灣小物給房東及朋友們。有一次帶小小的袋子給房東，房東之後就不時問我什麼時候會再回台，請我再帶禮物給她。剛開始聽到會覺得：「嗯……這印度人怎麼這麼直接」，後來漸漸發現印度人說話都是直來直往，所以與印度人溝通時不需拐彎抹角，不必繞很久才提到重點。

剛開始我也覺得為什麼印度朋友要這麼「直白」，後來漸漸認識比較多不同背景的印度人後，我倒覺得這樣的個性很好，要什麼就直接說，他們也不會覺得怎麼樣。我想到一件趣事，每年的排燈節（Diwali/Deepawali，根據印度曆，此節日約莫在西曆的十一月舉行，官方公布日為一天，但民間過節日為期五天）一般公司都會送給員工一些小紅利或獎金，有一次我碰到另外一家公司的清潔人員來敲我們公司的門，原來是要討 Diwali 的紅包，我聽了以後就反向她討紅包，她愣了一下問我為什麼要跟她拿紅包，我說：「因為我也每天上班，每天幫你們公司開燈，而且都比你早來上班，所以你要給我紅包才對。」然後她悻悻然地掉頭就走。從此以後她都沒來敲我們公司的門了。

把事情複雜化的功力

可能是數字起源於於印度的緣故，我每每都折服於常去買東西的收銀小弟的十進位功力。例如，總數是二〇七，但我手中只有二一〇，一般不就是直接找三元嗎？此時他們習慣會問：「你有沒有多兩元？」就是要我要付二一二的意思，只要找我五元即可。又例如，結帳金額為八四〇，我用一千元付帳，照理說直接找一六〇元就好，但往往對方都會問有沒有四〇，他可以直接找二〇〇給我。這個「化零為整」的數學算法，算是印度另外一個奇特的算帳方法吧！

我的交通工具以 auto 為主，有時明明就直線就可以到，省油錢又省時間，結果司機硬是要繞一大圈以他們熟悉的路為主。不僅多花了一些油錢，也多花了一點時間。但如果硬要讓 auto 照你的路線走，有時司機會一直碎碎唸到你下車，若剛好又碰到塞車，那就會整路一直碎唸不停。

不懂什麼叫危險

印度人的好奇心我覺得應該居於全球之冠。也因為人口眾多、語言很多，造就很多讓人哭笑不得的狀況。

我的好友之一 Chong 於二〇一一年八月時來到南印大城班加羅爾（Bangalore），預計在班加羅爾學習一個月的印度古典舞蹈婆羅多舞（Bharatanatyam）。此次學舞之行一波很多折，不過，幸好終於順利安全抵達班加羅爾。

某天早上七點多，我突然接到 Chong 打來的電話。我的電話通常是下午才會開始響，所以我在半夢半醒之際接起電話時，就聽到電話另一頭 Chong 驚恐的聲音。她說，一小時前她住的房子因為廚房瓦斯桶嚴重外洩，整個房子都是瓦斯的味道，她的室友把她從睡夢中敲醒，然後她們在房子外等待房東前來處理。房東到了之後，沒做任何檢查，就直接把瓦斯桶（此時還可以看到瓦斯正在噴氣）從室內移到室外的陽台，Chong 說她當下非常害怕瓦斯會氣爆，而且那時外面溫度很高。房東似乎認為瓦斯桶放在室外的陽台上就沒問題了，完全沒事人似地又回到屋裡躲太陽，而室友們擔心的也只是那桶正在漏氣、被浪費掉了的瓦斯很貴。這些人似乎都覺得危機已過，沒事了。只剩 Chong 仍站在陽台上風處，等著室內的瓦斯味道排掉才敢進屋。

我自己也親身經歷過，印度人對瓦斯的態度不像我們台灣人那麼有警覺性。目前在印度絕大部分住家仍是使用桶裝液態瓦斯，我一直以來也都是叫液態瓦斯來煮飯。液態瓦斯分為二十、十五、五公斤，通常我都是叫十五公斤，可以使用二至三個月。有一天，水煮到一半，瓦斯沒了，打了電話請 gas wala（瓦斯小弟）送來，不到一個小時，他就把新的、裝滿的瓦斯送來換好，並在瓦斯爐上點火，確認有瓦斯、沒問題就離開了。他離開沒多久，我就聞到一股濃濃的瓦斯味，趕緊又打了電話請他來查看「瓦斯栓」是否沒卡緊。他來了並聽完我的敘述後，頭左右搖了一下，接著從口袋拿出火柴盒，當下我心裡還在想他該不會是要點火吧！同時間，這位先生就在栓頭上點了火又晃了晃。我瞬間彈跳出廚房！那是一整桶滿滿的瓦斯欸！結果，他看到了我跳開來並離他遠遠的，便大笑著說：「沒事沒事！這是『正常』檢查程序。」送走 gas wala 之後，我跟台灣的朋友們敘述這件事，大家都覺得很不可思議，我只能說：是我們台灣人心臟不夠強、膽子不夠大！

靈敏且彈性

印度的學校除了教印度文、英文外，還教授印度各地不同的方言（印度官方認可的方言共有二十二種，外加上小區域的方言，不計其數），所以印度人從小的腦袋反應就比其他國家的人快很多。也因為從小教育能自由表達自己的意見，所以大多數的印度人都相當能言善道，在工作上也很容易就可以和上司打成一片。而這樣的特質，若在工作上遇到不公平的事，也能直接表達出來，不會吞下不合理之事。南印度的教育程度普遍來說比北印來得高一些，不時有罷工抗議的事件發生，像清奈（Chennai）或班加羅爾這些大城，還不時可以聽聞勞工為了爭取自己的權益而集體罷工。

也因為印度國內有太多突發狀況（如突然車發不動了、家電用品突然壞了、學校突然改了考試日期等等），所以也造就了印度人在處理事情上面多了一份彈性及包容性。這份彈性及包容性有時是給同鄉，若運氣好碰到同鄉會比較容易處理事情，彼此也很容易就會變成好友，在這裡可以看到「人不親土親」的表現。

重視區域關係與慢熟型人格

印度人十分講求關係，他們很習慣會說「我是誰誰的親戚／朋友介紹的」，如果交情還不錯，在處理事情上會比較簡單。若你誰都不認識，有可能就會錯失一些機會。我有位朋友從小鎮前來大城工作，因為身材高眺，就讀的又是觀光科系，一直想要在國際航空公司工作，就前來德里參加印度某航空的空少招考。他的筆試、口試都過了，最後一關就是問他在德里有沒有認識任何人，他什麼人都不認識，結果被高分刷下來。後來這位朋友就再也沒有去參加任何航空公司的招考，轉而進入旅遊業服務。

有時我們也會遇到新朋友自稱是○○黨的秘書或╳╳的姪子，在外國人聽來是無關痛癢的介紹。因為在外國人的圈子，這些都不是重點，重點是說到做到的承諾，和你的背景沒有太多的關係。當然這個關係還是要看所在的行業，若和我們一樣是屬於服務業，對於關係的依賴可能會比其他行業來得少一些。

在某個程度上，印度人也算是慢熟型的人，對於不熟悉的人通常很冷漠。一般來說，他們對外國人都很友善，但若真要打入印度人的圈子，需要一點時間。印度人一聽到我待在印度超過十年，不熟識的朋友沒多久就變成我還不錯的朋友，因為他們覺得你在這裡待上那麼久，已經認定這個土地，也接受了印度文化（我上下班都穿印度服），尤其又是女性，所以在某個程度上會有印度人應該要來幫忙照顧這個外國人的想法。

當然另一方面，他們也知道國外的環境比印度好很多，尤其我來自於台灣，在印度人的想法中，台灣的產品優質，和日本、德國是差不多的等級。因此，若我們台灣人不時去參加印度人的邀約聚會，多參加一些「非商業性質的活動」，願意親近當地，要打入印度人的圈子相對會比較快及容易。

2-2

印度治安真的有這麼差？

基本上我覺得印度的治安相較於歐洲國家來得安全許多，至少在搶劫或殺人等案件上是如此，並非沒有，但是機率比較低。另外，印度人不完全都是大家以為的「暗色／深色皮膚」及「黑色的」濃眉大眼。我在印度旅行時，有時會在街上發現和歐美人差不多的白晰膚色，也會發現綠色及藍色的眼睛，這些人可也都是印度人呢。但是，對女性有非分之想的印度人，也會利用這個外貌讓大家降低警覺性，而發生一些憾事。

一線大城如德里、孟買、清奈、班加羅爾、亞美達巴德（Ahmedabad）等，由於對外資訊較豐富，同時有比較多外資公司的外派人員進駐，這些外派國家的文化及教育會在無形中影響當地。而二線大城的狀況也幾乎和一線大城差不多，並沒有海外媒體報導的那麼不安全。嚴格來說，我自己覺得印度的治安並不差，印度人整體來說都很友善。

外國人對印度的誤解

很多人是透過媒體報導的一些較負面的訊息來看印度。例如在德里大城曾發生強姦案件，我覺得有時候或許是文化不同，印度男性不理解其他國家女性的習慣與作風，而誤會這女性對自己有意思。

像是我們習以為常的微笑打招呼，對外國人來說這只是禮貌的行為，即使面對陌生人都會點頭微笑，但印度男性會誤以為這些是外國女性對自己有意思的訊號。

又或者酒國文化不若其他國家盛行，甚至也可以說不存在於印度，在印度不是每一個地方都允許賣酒，（只有餐廳或酒類專賣店才能有資格申請酒類執照並合法販賣）。在印度幾乎都是男人去買酒，若是女性去買酒，就會引起一堆人側目，因為印度不論男女都認為喝酒是一件不好的事，女性喝酒的比例相較其他國家更低。當外國女性喝酒時，若大家聊得開心會互相敬酒（就跟台灣喝酒一樣，沒有任何特殊意味），此舉卻讓印度男人產生一個錯覺，就是外國人很開放，誤以為對外國人做什麼事都可以。聊久了或許女沒意，但狼卻有了情。針對這些錯誤的訊息判斷，有時外國人會直覺不對勁，就會與其他朋友們重啟新話題，或轉而板起臉來。

另外，面對新朋友，外國人彼此間都會很自然地交談，然而印度女性，尤其是來自小鎮或是非大城市的印度女性，看到新朋友或陌生人未必會交談，甚至會板起臉並很快離開。有時候外國人或許會覺得很沒有禮貌，但其實這是當地女性自保的方式之一。

當然，有些時候或許歹徒早已有不好的念頭，但平心而論，這些在印度會發生的事，其實在每個國家都有可能發生，不需要針對印度放大檢視。

以下是外國人對印度常見的誤解，我以在地人的角色來為大家釐清：

女性去印度安全嗎？

我長期住在新德里，有時碰到客人除了詢問行程外，另外一個常見問題就是「女性去印度旅遊及工作安全嗎？」我覺得不論是在印度或其他國家，女性單獨或小團體都難免比男性來得危險。之前我曾多次獨自在印度旅行，或許是待在印度很久，我並不覺得像媒體描述的那樣：印度男人直視女性感覺就像「視覺強暴」。我在此要特別釐清。

印度人天生就是好奇寶寶，因為領土大，很多時候會發現對方和自己不同的五官而好奇地盯著看。我自己在當地旅遊時，經常是以火車及當地公車做為主要交通工具，就有很多次被當地人或是出遊家庭的男性盯著看的經驗。當下確實讓我有點不自在，所以每當碰到類似狀況時，若火車仍在行進間，我也會正眼回視，這樣他們反而會把視線別開，但有時他們趁我沒有注意時，又盯著我瞧。當下我就會直接問：「請問有什麼事嗎？」對方回答說：「很好奇。為什麼你的眼睛比我們小？鼻子也很小，很像『假的洋娃娃』。」再細問，才知道我們這些小鼻子、小眼睛的小人（身材嬌小），就像他們從電視上看到的人，現在只是活生生地從電視機螢幕跳出來在他們面前，這對他們而言非常神奇。還有，他們想確定我們是外國人，還是跟他們一樣是印度人（來自東北七省、錫金〔Sikkim〕或拉達克〔Ladakh〕的印度人）。面對外國人，他們只是想多問一些問題，又怕自己英文不好，只好作罷，因此只能直直地盯著看著，如此而已。

住在印度的這段期間，我參加過當地大大小小的活動及聚會，也發現他們直盯著人看真的就只是好奇而已，並不太會有再進一步的舉動。有時我獲邀參加活動，就會去評估時間是否太晚及地點是否太遠，若太晚就會直接拒絕前往。有時超過預期的時間，我的印度朋友們也都會送我回家（這些印度朋友都是超過五、六年以上的交情了，而非只見過幾次面）。印度朋友就像我在台灣的朋友一樣，都會提醒我「進屋後打個電話」以確保安全。另外，因為我們的教室是分別在不同地點，所以下課後，不管天色是否已轉黑，我們的學生大部分也都會等老師們收拾好東西後再一起離開。所以印度真的不像外界所認為的那麼不安全。

在印度獨自旅行，危險嗎？

印度真的很美，但印度旅遊最美的景點絕大部分都是在非大城區（郊區或鄉村）。印度因為教育程度不均，所以鄉村對女性的尊重和第一、二線大城的差距很大。有時候也會聽聞觀光客被騷擾、強暴的事情，所以當我在印度旅遊踩線時，一定會特別提高警覺。目前整個印度的基礎設施尚未完整建立完成，經常在夜晚會發生沒路燈的狀況，因此旅遊到某地時我都會先問飯店／民宿業者當地太陽下山的時間是幾點？有了這個概念後，再來安排行程在時間內回來以降低風險。若來不及在太陽下山前返回住處，我會跟在路上看起來是家庭的人群旁，這樣旁人會以為我並非獨自一人。

記得有一次在北印賈沙梅爾（Jaisalmer）踩線時，當時約傍晚八點，周邊店家幾乎都關門了，路上除了昏黃的路燈，只剩一些稀稀落落的印度國內觀光客。路上只有我一個外國觀光客，及一些印度家庭，其中就有一個家庭的爸爸和媽媽兩人揮手示意，問我要不要跟他們一起走到路上比較多人的地方，比較安全。

有時若是獨自一人，反而會得到當地人的協助。像去塔爾沙漠（Thar Desert）露營時，印度的駱駝夫就會不時提醒我，若離開去上廁所，要先跟他及其他同行旅人說在哪個方向，以確保有人知道我的行蹤，或者也會跟我說只能往哪個方向走走看看比較安全；去小店買茶時，小店的老闆也會提醒哪些地方要小心不要太晚去；搭夜鋪火車時，不時會有對面的印度人提醒何時該下車。所以，只要做好旅遊功課及規畫，一個人在印度旅遊也沒有那麼危險及可怕。

在印度的穿著

印度人因為宗教關係，大部分都會穿著比較多（長）的衣服外加一條披肩或圍巾來遮蓋身體，尤其是女性。若是露出膝蓋以上，如短褲、背心或緊身衣（可以看到胸部曲線），都代表對印度眾神的不敬，因為在印度街上不時都有大大小小的廟宇，印度人絕大部分只要看到廟宇就會停下來膜拜一下，因此平常的衣著就不會太裸露。另外，印度的冬天只有三個月，其他時節皆維持在攝氏三十五至五十度左右，若長時間曝曬在這樣的溫度下，皮膚會很痛，所以大部分人習慣穿著七分袖或長袖的印度棉上衣（蓋過屁股）和燈籠褲來防曬。

嘟嘟車司機很危險？

有時會聽聞某城某鎮有 auto wala（嘟嘟車司機）犯下了強暴案件。我覺得那些案件很多都是臨時起意的，或可能是乘客在跟 auto wala 交談時，因英文的語氣比較客氣或文化不同（如笑臉說話），或是穿著比較涼快（如露出小蠻腰、短褲、細肩單背心或露出上臂膀等），而引起 auto wala 的歹念。大部分案件似乎發生在外國觀光客身上的比例比較多，在地人或許也有，但機率是真的很小。

以前 auto wala 載客從南到北，一趟下來大概六十至九十分鐘，但自地鐵開通後，auto wala 都會在特定的區域載客，時間久了也會知道這區有哪些 auto 在繞，也因為地鐵的關係，很多人會共乘 auto 以節省每天的交通費。Auto 是我平時主要的代步工具，每天都會跟 auto wala 過招。我上班的出門時間差不多都是固定的，有時會有碰到之前載過我的 auto 在我經常上車的地點等著；下班時，一堆人要叫車，通常需要等一陣子才招得到車，有時也會碰到之前載過我的司機（我常忘了他們的長相，可是 auto wala 都有很強的記憶力，記得自己載過的客人），看到我在等車，就直接在我面前停下來，再跟車上的客人說明，可否讓我上車（大家都同一方向），我也會再跟車上的客人確認是否順路，車上的客人同意，我時常就這麼上車了。曾經有幾次 auto 在路中間拋錨，司機也都會幫忙找其他可以續載的 auto。所以 auto wala 不是大家流傳那樣的壞（話雖如此，但總是固定上下班的時間或路線也有風險，所以我不時也會改變出門時間及路線，以防止圖謀不軌的壞事發生）。

記得有一次在路旁跟 auto wala 討價還價時，司機喊一百，我只回一個「Kya（啥）？」，他便笑了出來，自動降為正常的費用（非跳表），我和 auto wala 一起笑到不行，當然也有很多司機是正常跳表收費的。

有好人，也當然有壞人。有時也會碰到不好的司機，比方亂開價。通常碰到亂開價且開得很離譜的司機，縱使他後來降成合理價錢，我也不會搭他的車。我寧願站在路旁再花一些時間等其他守規矩的 auto，也不願讓亂喊價的人有錢賺。或是抵達目的地後，價格突然跟原先講好的不同（例如由一百變為兩百），你只願意付一百，他就大吵硬要收兩百，此時不要忍氣吞聲花錢了事，他大吵，你也吼回去，讓路過的行人、其他 auto wala 來聲援你。

有時碰到 auto 音樂放得大聲或在抽菸的司機，我都會直接請他們關小聲一點或停止抽菸，經我提出後，這些司機也都會關掉音樂或把菸熄掉。至於放音樂的行為，我就不確定是否是炫耀載到了外國人，因此放音樂慶祝以昭告天下了。

另外，若 auto wala 邊開車邊抽菸而外國人沒有抗議時，在某種程度上，似乎意味著「對方思想比較開放」。若這時又沒有口頭上請他停止抽菸，那對方可能就會再更進一步詢問你是哪裡人、來這多久了、在這裡上班？等等比較隱私的問題。只要是跟路途不相關的問題，我一概不回應。這可能又跟台灣的文化抵觸了，我們的文化是人家有問一定要答，才叫有禮貌。我們的文化是要「笑臉迎人」，不能板著一張臉，不然就會被說是「沒禮貌」，但印度文化則是「臭臉迎人」才是保身之道。有機會各位可以看一下印度人的大頭照，幾乎都沒有「微笑」，而是很嚴肅的。對他們而言，在拍照時「笑」是輕浮不莊重的。

另外一提，現在印度有 UBER AUTO 了，可以比照 UBER 方式叫 auto 三輪車，非常方便。

我遇到的 auto 騙子

有一次我搭乘 auto，抵達目的地後我給司機五十盧比車資就下車了，不到幾秒，司機追上來說我給他破掉的五十盧比紙鈔，要求我給他另外一張，當時心裡納悶著不可能，因為才剛檢查過，紙鈔是完整沒破損的。我換了另外一張給司機，請他還給我舊的已損毀紙鈔，他說既然已經損毀，我也不能用了，不如就給他。我心想，這樣他不就多賺了五十盧比嗎！當下我堅持請他還我破損的鈔票，我自己處理就好。我後來仔細檢查收回來的五十盧比紙鈔，根本沒有破損，完好無缺。

UBER／OLA 安全嗎？

印度也有無線電叫車的服務，目前較受到大家歡迎的就是 UBER 及 OLA、MERU

TAXI，目前 UBER 及 OLA TAXI 比較多人在用。印度的 UBER／OLA 是受 UBER 公司集中管理（如同是受聘在這家公司上班），若司機有問題，UBER／OLA 公司都要出來解決。乘客搭上 UBER 或 OLA 後，系統會不定時將目前行車路徑的最新訊息傳送到指定的手機上（自己的朋友或家人），即便時間很晚且不得不搭乘 UBER／OLA 時，安全性也增加了許多保障。UBER／OLA 目前在一、二線大城都有服務，非常方便。疫情這兩年油價漲了很多，開始有很多人使用 UBER／OLA 共享方式，以節省交通費用。

目前叫 UBER TAXI 或 UBER AUTO 時，在確認訂到車後，App 會回傳一個 PIN Code 給乘客，乘客上車時，可用這個 PIN Code 做司機及車子的確認，以確保安全。

小攤商很友善

我的住處附近有個市場，有點像台灣的傳統（黃昏）市場，客人幾乎都是住在附近的居民。有一次我手中拿了太多東西，結果忘了帶走剛買好的菜，回到家後才想起來，只好作罷，隔天再去重新買過就是。隔天去同一菜攤時，老闆一看到我就直接把昨天忘記帶走的那袋菜給我，他說我應該今天會回來拿菜，就幫我留下來了。又有一次買了許多新鮮的咖哩粉要帶回台灣做伴手禮，因為數量很多太重，老闆說可以請小弟幫我送到住處，叫我留下地址後可以先去買其他菜，再回住處等小弟幫我送咖哩就可以了。印度的小販基本上都滿願意幫忙的，對於外國人也很友善。

由於印度飲用水的水質不佳，所以我都是打電話叫二十公升桶裝礦泉水的外送，有時候忘了時間而延誤叫水（如過了晚上八點），或是打電話過去他們都在忙線中，但沒多久就會有人送水過來。有時也會請他們順便送來新鮮牛奶或麵包，小店的服務還是不錯的。這兩年半的疫情期間，大部分的人慢慢轉向使用App線上採買，只是有時送來的菜或水果會被壓壞或是很醜，所以，我還是喜歡走進傳統市場買新鮮的蔬菜水果，也順便和小攤商們哈拉一下。

鄰居很重要

記得前一陣子德里政府在換大水管，三不五時會停水，頂樓的儲水就可能會不夠。有時我回到住處會發現沒有水可用，就跑去找樓下找鄰居求救，請他們分一些水給我，他們都很好心地分給我一些水，之後他們有叫大卡車的水車時，也會順便幫我的儲水桶加滿水而沒跟我收費。我居住的地方是比較多印度家庭住的，有點像我小時候，只要有事鄰居都會彼此幫忙。有時候回台再返印時，行李太大件、太重，我也會請樓下的鄰居幫忙我一起抬上樓，或有時碰到旁邊的住戶，也會主動問我要不要幫忙扛上去。

在德里，前陽台非常少裝上鐵窗，清晨時，不時可以看到對面的住戶和我同時享用清晨的陽光，互相打了招呼；平時也常見鄰居們互相隔空聊天，聊著季節改變、哪個慶典要來了，或接下來要去哪玩等等，聽著聽著都非常有意思。

所以，不是所有印度人都是騙子或壞人。

因為通訊不良而增添「治安的不安全感」

二〇一九年十一月時我曾協助找尋失聯的台商。有位台商隻身前來印度做報廢機車的買賣，預計十一月四日離開返台。十一月二日和家人還有聯絡，但之後便沒再聯絡上。家人在十一月四日在台灣機場並沒有接到他，詢問航空公司才知旅客名單中並沒有他的名字，當下透過印度駐新德里代表處的緊急連絡電話，尋求協助找人，但都沒有聯絡上。從十一月三日失聯至十一月八日，當地台商也在八日公布失蹤消息，請駐地的台灣人協助。但是公布的線索很少，只有大略的租車地點及模糊不清的車牌。

我在十一月九日看到消息後，因為公司有旅行社的業務，可以透過車行或飯店尋人，就順便幫忙找人，花了一點時間去追蹤可能的線索。在九日當天，同事就找到了這位失聯的台灣人。當下直接把消息轉給代表處，讓代表處做後續處理。後來才知道這位台商因為在當時發現去其他城市也可能有做生意的機會，所以，就從 Google 上看了一下地點，他以為非常近（Google Map 上顯示車程十五小時，他想只要在車上睡個覺就到了），就直接包車過去了。抵達後才發現當地的網路及通訊都很差，完全無法對外連絡，即便透過飯店往外撥市話，也都斷斷續續無法接通，他處在完全無法對外聯絡的窘境。待了幾天後，這位台商就決定包車返回德里。然而包車時也碰到困難，等了一段時間才有車行願意載他（當時他在的區域正處於政治敏感區，當時有抗爭活動，一切對外交通都被限制）。

像這樣因為當地通訊不良而虛驚一場的狀況，在其他小城鎮難免會有，所以，當家人連絡不到人時，其實也增加了大家對於印度不安全的印象。

我會建議剛來到印度的人，在不是完全熟悉整個印度城鎮的地理位置，也尚未建立好當地的社交圈時，還是請有意願做生意的印度買家直接到下榻的飯店面對面討論會較合適。不要覺得對方過來很遠而不好意思，也不要為了爭取新訂單而自己前去不熟悉的城市或區域。除非已經熟悉當地環境，才可以自己安排前往其他城鎮。

另外提醒一下大家，不要以為身為男性就無需顧及自身安全。只要是初來印度的菜鳥外國人，當地人一下就可以透過很多方式辨別出來，所以不論男女，都還是要謹慎小心一點才好。

也曾碰過性騷擾的時候

我住在古爾岡期間，當時從古爾岡往返德里並沒有地鐵，若要從古爾岡搭車進城，除了一小時一班的巴士外，就是在ＮＨ８（National Highway 8 國道八號）跟著大家隨手攔私用轎車（有四人座、六人座或麵包車）。在印度其實並沒有路邊攔車的營業用計程車，時至今日仍是如此。當時（地鐵還沒有興建時）很多公司為了要方便員工上下班，都會向車行租車接送員工，在接完員工送至公司後，這台車子就會空車返回車行，或是空車前往公司接員工下班，這段空車返回車行的空檔距離，很多司機就會沿途攬客，一起順道往返德里古爾岡間，收進來的車資就是司機的額外收入；同樣地，有些司機在送老闆去公司開會或是要以空車前往德里接老闆時，這段空車時間，司機就會沿路招客，賺點外快。車資一個人頭約十至二十盧比不等。

我當時就跟所有印度人一樣站在NH8路旁隨手攔車，搭上了一台小麵包車的後座。後座很小，座位是平行面對面，左邊坐兩人，對面（右邊）坐兩人，我旁邊坐了一位印度男性。車子上路沒多久，覺得好像有人有碰到我的腋下，看了一眼我身旁那位先生，他的手呈抱胸狀，心想應該不是他碰到的，也許是自己昏昏欲睡而產生幻覺，過沒多久，又感覺好像有人碰我，所以我就突然把身體往門口那一側，剛好看到他藏在他腋下伸過來的手指停在空中，我就大聲地對他說：「Please sit properly!」他的臉瞬間漲紅且結結巴巴要解釋。當下車上的其他乘客也全部看著他，坐在此人對面的先生也直接要這個人手放在大腿上不要環抱胸前。後來沒多久，這個人就急急忙忙的下車了。

現在因為德里有地鐵，這種沿路攔車共乘私轎車的狀況已經少很多了。但不論搭公車或地鐵，若是碰到類情形時，一定要大聲嚴厲制止，不要忍氣吞聲。

還有一次，我在做翻譯時，印度老闆及台灣客戶（男性）邀請我一起去吃飯，當時，心想有台灣人在應該沒什麼問題，所以就答應了，打破了我自己不和印度老闆出去吃飯的規矩。沒想到這次飯局卻讓我被印度老闆手摸大腿騷擾！

當時我們坐的是四人長桌，二人一側是沙發椅，另外一側是兩張獨立的椅子，台灣客戶叫我和老闆同坐沙發椅那側，而不是讓我和他坐分開的兩張椅子，當下覺得奇怪。我原想在兩人中間放上我的背包，但覺得好像不太禮貌，心想有台灣人在應該不要緊，所以我就沒有把背包放在兩人中間，忽略了自己不對勁的直覺。吃飯當中開了紅酒，三人聊天到一半時，印度老闆突然把手放在我的大腿上，我當時愣了一下，隨即把他的手拍掉，然後移開距離並放上我的背包，看他的表情沒有透露出尷尬的表情，仍是維持一貫的談笑風生。

自此之後，若有需要出席吃飯場合，不論有沒有台灣人在，我都會以我自己當下的直覺，判定是否同意赴約。

以上情況，或許在其他國家也會碰到，而不是只在印度發生。總體而言，我覺得印度還是比其他國家來得安全些，大部分印度人都很友善，只是你需要花一點時間，才能真正了解與印度人相處的模式。

2-3

印度女性的地位很特別？

台灣媒體時常報導印度性侵案件，給人一種印度性別不友善、不尊重女性的印象。實際上並不是這樣的，這和事實有些出入。印度是一個父權社會，不可否認在印度目前仍存在著重男輕女的傳統觀念，但是，隨著手機網路的普及，愈來愈多性平資訊流進印度，重男輕女的傳統觀念已不若以往嚴重。但也因為在傳統的觀念下，印度人認為女性是需要被保護的，因此座位禮讓給女性、聚餐由男人付帳、女性不需要工作是天經地義的事。故印度女性是否真如我們外國人所想的，地位貶低或活在悲慘的日子中等等，就見仁見智了。

禮讓女性很常見

地鐵是我在印度的日常交通工具之一，地鐵的第一節是女性專屬車廂，男性不可進入乘坐。我有時會因為來不及走到女性專屬車廂而走進一般車廂，在一般車廂也一樣會有給老人或女性的特別座（特別座很像台灣的博愛座，但無特別的顏色區分，老人、女性或行動不便者的特別座會以「綠底白字」做標示）。

當搭車人潮很多的時候，大部分男性都會起身讓座給我，不論他們的年紀大小。我本以為是因為外國人的身分才得到特別的禮遇，後來也多次看到其他印度女性在乘車時有男性讓座。

有一次我去黃昏市場買菜及日用品，失心瘋買太多，店老闆就要幫我把東西送到我住的地方。其實這類店家幫婆婆媽媽送貨到家的情形，在印度社區是很常見的。還有一次採買完要搭 auto 回去，司機一看到我背了很多東西、手上也拿了不少，還貼心地跟我說慢慢來不急，但車道後面都被我這台三輪車塞住了，當下也沒有人急按喇叭催著我快點上車。若是在台灣，可能多等幾分鐘，後面的車子就開始不耐煩了。

還有一次從久德浦（Jodhpur）搭巴士前往賈沙梅爾，這是來往兩城的當地巴士，通常是兩城居民搭乘，我在中途上車，背著40 L 的背包，一上車就看到前面已就坐的二位男性乘客立刻主動起身，把前面的座位讓給我，走到比較後面的位子坐下。這類狀況不是特例，而是不時出現在我旅遊印度各地的時候。在印度不論在火車、巴士及地鐵上，都有專屬於女性的特別座。

台灣媒體常有印度女性被欺負或男人根本不把女人當人看待等等的報導，然而這種情況與當地現狀真的有很大差別，「禮讓女性」在印度是很常見的事。

父權社會，男人是主要的經濟來源

我有時會和印度朋友們一起出去吃飯，結帳時餐廳通常會把帳單直接送到男性手上，而不會給女性。有一次我跟印度友人們聚餐，席間有男有女，付帳時我很直接地說了大家平均分攤，結果男性朋友說不用擔心，男人會負責，女性朋友也告訴我讓男人們搞定就好。後來才知道若不讓男人付錢，就是不給他們面子，尤其我們這些外國人很習慣大家平均分攤或是各付各的，若是你真的這麼做，就是完全看扁他們喔。所以後來只要我和印度男性友人們出去吃飯，就不再堅持付餐費，但我還是會以台灣的小禮物回贈。千萬記得，印度男性可是特別愛面子的，此時就不要跟他們爭了。

對印度人而言，男人是主要勞動者，也是家中主要的經濟來源，因此出門時所有費用皆由男人負責，收入當然也由男人掌管。女性結婚前的支出是由父親和兄弟們支付，結婚後則由丈夫負責生活費及子女教育費用，不需要出去工作，大小事也幾乎是由男方決定，比方說什麼時候要回家過節、小孩子要讀什麼學校等等。不論婚前女性有多強勢，甚或擁有博士學位，婚後仍會以家庭為主。我曾經問過我的女性友人們，為什麼不出去工作，一整天在家不會很無聊嗎？大部分的回答都是：「為什麼要那麼辛苦工作？只要在家就會有老公甚至爸爸給零用錢，不是很好嗎？生活沒有壓力。」她們還說，「台灣女性要工作還要顧小孩，為什麼要搶男人的天職呢？」

印度男人也會認為保護女人、女人不用出去工作賺錢是天經地義的事。印度有一個節日「兄弟姐妹節」（Rakhi/Raksha Bandhan），這個節日是由女性去買一個類似手環的飾品，在當天繫在自己的兄弟手腕上，繫上後，男性就會帶姐妹們出去吃飯或買禮物、送紅包，代表我會永遠保護你。在目前的印度社會中，這個傳統不論是成功的現代女性或非常傳統的女性都適用。

對台灣女性來說，這可能真的無法想像吧？

財富肯定過三代

印度人的觀念裡，家族事業就是要全家族的人一起經營、維持，並世代傳承下去。若家裡是做生意的，從小（不論男或女）就會被帶到店裡或公司中，男生約十二至十五歲時就會開始跟著父執輩學做生意。十八歲後父執輩就會慢慢放手讓年輕人獨立經營家中部分生意。我有位學生從十六歲開始由父親培養做生意的能力，在他十八歲時，親手談定了第一筆生意，此後擴展到與父親不同的行業，現在才二十二歲而已，手中已經營多種不同的生意。

印度人在大約二十二至二十四歲左右，家族就會開始幫男性找「門當戶對」的相親對象，雖說現在有愈來愈多年輕人戀愛結婚，但比例仍然很低。印度人在二十五至二十六歲左右就會透過聯姻方式成家，而順理成章的在二十七至二十八歲有了自己的下一代，然後重複從小父執輩對自己的訓練。此時嫁進來的女性也開始要學習幫忙維持整個家族事業，讓事業愈來愈壯大。所以在印度社會中，比較少機率會出現像華人社會的「富不過三代」的狀況。

聯姻後家族只會愈來愈強大。

傳統觀念重男輕女

「重男輕女」、「成家立業」、「男主外女主內」這些觀念仍普遍存在印度人的文化中，傳統的印度人觀念中男性主要的任務就是傳宗接代，結婚後一定要生男孩才算完成重責大任。但隨著手機普及，網路資訊愈來愈發達，重男輕女的觀念漸漸淡化許多，目前在大城市可以看到很多高學歷的女性，婚後生一個女兒後就不一定要再生男孩，且婚後丈夫也允許外出工作。但在小城區像是三線以後的城市或鄉村，依舊存在著女性婚後應該在家打掃、做家務而不能外出工作的情形，或是一定得要生個男孩的傳統觀念。印度的大城和小城在重男輕女上仍有很大的差別。

市集賣女性內衣的大叔

在印度男性是主要的勞力市場，所以不論哪種行業，可以看到的都是以男性為主的店員(女性也有但比例非常少)。一般的市場隨處可看到這個現象：化妝品店男店員拿著眼線、化妝品在販賣；內衣店是大叔在賣內衣（年輕女性比較少會自己去傳統市場買內衣，大多是媽媽幫女兒內衣）；衛生棉也是男性店員。這類狀況在印度真的是司空見慣。

2-4

印度人喜歡亮晶晶的東西

印度國土之大，人口之多，語言之多，因此若想一概而論印度人食衣住行育樂的喜好，其實很難說出一定的方向。以我個人的觀察而言，可以大致做個簡單分析。

顏色喜好——不是非黑即白，而是紅橙黃綠藍靛紫

印度的國旗是由綠、橘和白三色組合，所以印度人在色彩選擇上大多以綠色及橘色為主，並混合擴展至其他色彩，再加上東西南北印有著不同的天氣型態，造就了不同區域的印度人對於顏色喜好的特殊現象。

以北印度而言，北印人的身高比南印人高一些、也壯一些，且北印的天氣起伏很大（夏天可到攝氏五十度，冬天則降到二度甚至零下），因此北印度人在顏色喜好上會隨溫差大而比較喜歡對比很強烈或很亮麗的顏色。所

以紅配綠在印度不是狗臭屁哦！

南印度人則個子及體型較北印度來得小一點，大多居住在德干高原，所以衣服顏色多是偏向大自然的顏色（如綠色或是樹棕色），並搭配花草圖案。

印度衣服顏色的選擇之多也是超乎尋常，光是單一顏色還可以細分出數十種以上的色彩，常讓人看得眼花撩亂。經常走在街上就會看到螢光綠配上螢光紅，滿街都是不同程度的螢光系列，不論男女都喜歡穿很炫的顏色，很有自己的風格。所以每次回到台灣，就會覺得大家的衣服顏色了無生氣。倘若你是藝術界的朋友，建議你來印度走走，一定能激發你很多的靈感。

金光閃閃，數大就是美

在印度不時有很多聚會，聚會同時也是評論衣著搭配、財力的八卦場合。北印度人比南印度人更重視這點，且北印人也比較著重享受及美食。

印度人因臉蛋的輪廓較深邃，所以不論東西南北印，他們搭配的首飾配件就都以「數大就是美」為大方向。印度人超級喜歡閃閃發光的東西，尤其是「bling-bling」的首飾。印度女性的飾品包羅萬象，從頭墜（Bindi，額頭上的裝飾品）、耳飾、鼻環、項鏈，手鐲／手環、戒指、腳環至指環，全身上下一整套。有時看到全套配備出門的印度女性朋友們，都讓我嘆為觀止，必須認真地說：「印度真的是寵女人的國家。」

印度的每個飾品都很獨特，且都來自於古印度時期流傳下來的工法及設計圖案，也把女性的每個角度都點綴出獨特美感。也有很多人喜歡買金手鍊／金項鍊，但這裡的金都是18K／24K金而非999純金。在參加盛大宴會時一定要戴上這些「閃亮亮的東西」，才會被「大家及神明看見」，也因為生活上有很多不如意的事，藉由穿亮的、裝飾亮的，來為苦悶的日子加一點「幸福感」。

另外，印度的男人也很喜歡手上戴一堆戒指（半寶石、純寶石或K金戒指），這可是象徵好運或是可以招財，及展現自己有點財力的象徵。

國外來的「舶來品、稀有的」我最愛

在某個程度而言，從國外帶進印度的小品，設計風味、質感及配色都和印度國內有很大的不同，也因「物以稀為貴」，都很受到大家喜歡。之前我從台灣帶過一些小禮品回印度，像是台灣幸運符吊飾、台灣書籤、凱蒂貓杯子、Snoopy文件夾、杯緣子等，分送給我的印度朋友們及學生們，每一個人收到都超開心。那些有點年紀的生意夥伴們，收到這些小禮物時的瞬間，都年輕了好幾歲。

目前MIT的產品很受到大家歡迎，下次來印度時，記得在行李箱中多放一些小伴手禮（不會占多少空間），相信可以接近不少與印度人的距離。

味蕾上不愛嘗新

雖說在任何方面印度人都喜歡嘗試新奇的事物，但長時間在豐富的香料環境薰陶下長大的印度味蕾，卻很難輕易被外來軍隊征服，若能投入時間，或許才有機會征服。像前面提到過，台灣引以為傲的珍珠奶茶在八、九年前我初帶到印度時，就曾敗在印度的土地上。但是這兩年，或許印度的新世代受到了不同外來文化的洗禮，目前台灣的珍珠奶茶開始大放異采，受到印度人的喜愛。

印度人不僅不愛吃硬或有嚼勁的食物，且因為印度氣溫高，所以食物口味偏重、鹹、辣及油，任何東西都要加上Masala及蘸醬才夠味道，這些飲食習慣完全和台灣人崇尚「天然、原味」有著天壤之別。順帶補充一下，Masala就是印度香料，只要是吃的都一定會加Masala。不只食物主食上會加Masala，連零食、飲料幾乎都是Masala口味。像樂事洋芋片、蝦味先Namkeen（超級鹹）、花生米……也都加了Masala。不僅如此，連水果切盤、現榨果汁、路旁賣的烤蕃薯……等也都會加入或灑上特製的Masala。在印度要找不帶Masala風味的食物真的很難。

雖說在印度到處是Masala，但是當回到台灣吃到沒有Masala的零食時，心裡也總會覺得少了一個味，怪怪的。

印度人創業魂，報喜不報憂

印度有著豐富的天然資源及眾多的人口，但在硬體上卻顯得非常不足，造就市場太多的可能性。每一個印度人都有個「創業魂」，每個人都有機會實現自己的夢想。除了創業魂外，也喜歡正面鼓勵人，而不太說比較負面的事，同時也會利用「歡樂的場面」把這些負面的事消化掉。

在台灣可能有很多人都想要自行創業，但或許會因為周遭人反對而作罷，然而在印度只要分享一些想法，經過周遭朋友提出可行的建議後，就會直接去執行看看。若你曾來過印度參展，就會發現一個有趣的現象，每個人都自稱可以幫忙代理公司的產品並協助推廣產品進到印度市場。大膽去推銷自己，只為了可以一圓自己當老闆的夢想。這點跟台灣社會小心翼翼的方式不太一樣。

或許是生活上有著太多「生存挑戰」，也或許是種姓制度下無力更改的大環境，若是碰到一些困難，印度人就會說「Jugaar」（音同：句嘎），意思是一定會有其他替代方案可解決的。印度人不會輕易地說「不」或「不可能」。在二〇二〇年三月全球都受到新冠肺炎的影響，印度從二〇二〇年三月二十五日鎖國至二〇二〇年五月，雖說每天確認人數不斷往上，印度政府都說我們一定會戰勝病毒，要相信印度。印度衛福部部長哈什．瓦爾丹（Harsh Vardhan）也在二〇二〇年五月九日說：「不要和已開發國家一樣去預測印度的最壞狀況，但是我們印度確實已做好所有的最壞打算。」（當時整個印度的確診人數突破六萬時已認為很嚴重了，殊不知在二〇二一年印度迎來最嚴重的第二波疫情。）

一遇到排隊／塞車就要搶快

印度人在交通道路的等待上是極缺乏耐心的。在印度開車的司機少有所謂的保持「安全距離」。不論是搭 auto 或 Uber，經常看到司機衝衝衝，常常遇到距離前方車子差不到一公釐而差點撞到的狀況，讓坐在後座的我精神超緊繃。很神奇地，在路上發生車禍的比例卻沒那高。

其次，在搭公車、搭地鐵、火車時，也很常看到大家一窩蜂地搶著上車，這個爭先恐後上車的情況和在工作時慢慢來的態度也不太一樣。或是等紅綠燈時，對向的顯示燈才開始倒數，等待綠燈的這些「機動車輛」的油門已開始蠢蠢欲動，外加不時的按著喇叭催促著。

所以在二〇二〇年一月三十一日時，孟買警方就在道路上安裝了一個「智慧型紅綠燈」，在交通號誌上裝設分貝計，只要喇叭聲響超過標準，紅燈秒數就會重新計時，這項措施確實解決駕駛動輒按喇叭的噪音問題，也同時教育了用路人要多點耐心。

喜歡上鏡頭 show 自己

印度人喜歡上鏡頭 show 自己，不太在乎什麼肖像權，只要有機會可以拍照，就會一馬當先。

或許是廁所的鏡子都比較大面的關係，很多印度人都喜歡在廁所自拍或三五成群的拍照。有一次我去大賣場買東西，進到廁所發現，除了在排隊上廁所的人之外，還有另外一批自拍群。特別是買了新衣服或補妝後也會來「自拍」（Selfie）一下。剛開始以為只是少數人的喜好，結果有幾次和朋友們去吃飯，在餐廳或飯店內的廁所也是一堆人在自拍。而且幾乎一半的人都認為仰角三十度是最美的角度。

除了在廁所拍照外，抖音在印度也很受到歡迎，不時除了看到照片外，還會上傳一些自己自製的影片。雖然抖音在二〇二〇年六月被印度政府禁用，但目前在印度國內還有其他如 inShot、Moj、KineMaster、Josh、MX TakaTak 等常見影音 App，其中以 MX TakaTak 及 Josh 最受歡迎，除了可以製造自己朋友圈的話題外，也可以讓自己和寶萊塢明星們一較高下。

來過印度的朋友都應該有相同的經驗，尤其是去到著名觀光點泰姬瑪哈陵時，不時會有來自印度國內的其他觀光客要求一起合照，自己時常帶著參訪團前往參觀時，也不時看到團員們被其他印度藉觀光客要求一起合影。若團員當中有人身穿紗麗或是古普塔（Gupta，傳統服飾），瞬間都會誤以為自己是英國女皇或皇室出訪，受到當地人的熱烈歡迎。另外，有些外表看起來很像大壞蛋的印度人，在拍照時裝酷不笑，其實這些「面惡心善」的印度人，只是因為害羞而不敢展露他們的笑容。

我自己第一次去黃金寺廟踩線時，當時的我穿著庫塔（Kurta），就在我等著要叫 auto

回到飯店時，有一家五口人從我身旁路過，其中一位婦女直接在我面前停了下來，起初以為自己擋到他們的路，閃到左邊讓路給他們，結果這位大姐就開口問我可否跟我合照，我想了一下覺得還好，反正是家庭而不是單身男子，就答應了。結果在照的同時，發現還有一些人也手比著手機給這位大姐，說他們家人也要跟我合照，請她轉達。後來我也跟不少家庭還有小朋友們合照，結果在那個路口應該站了十分鐘吧。

瑜伽就像烏龍茶，每天必喝每天必做

每天若起得早，去附近公園走走，不時就可以看到一些印度人在草地上做瑜伽。就算不去公園，也不時聽到周圍印度朋友會說今天做了一小時或三十分鐘的瑜伽。這些瑜伽未必完全都是肢體動作，有些瑜伽會結合腹式呼吸、大笑；有些瑜伽會結合特定的水鼻壺做鼻子的淨化（把水從鼻孔左邊灌到鼻孔右邊出，如此重複幾次）等等。大部分的人可能一早起來在喝奶茶前，就在室內或陽台上做個「吐納瑜伽」或「拜日式」；也有人會去健身房上有專門瑜伽教練在帶的靜心瑜伽。各式各樣的瑜伽都有人在做。瑜伽之於印度人的地位，或許就像烏龍茶之於台灣人，是不可或缺的日常。

記得有一次大約早上六點左右，我的屋子前面的大公園，突然聽到有些人在不間斷地狂笑，往外一看，有五、六個人圍成一圈在做「大笑瑜伽（Laughing Yoga）」：先深呼吸，然後雙手抱著腹部，大笑的瞬間手也朝天展開，哈～哈～哈～用開口大笑的方式把負能量或不開心的心情發洩出來。我看著看著，也站在陽台上，跟著一起做。

從此之後，幾乎每天早上都會遇到這「哈哈瑜伽班」，這區住戶們也逐漸在特定時間不約而同一起做「哈哈瑜伽」，有時也可以聽到「哈哈瑜伽班」跟著寺廟不定時播放的音樂一起吟唱，非常有意思。

而外國人如我（還有我其他非印度人的外國朋友），到了印度生活一、兩個月後，就會主動去找瑜伽課來上。因為在印度娛樂活動有限，每天可能還會碰到各式各樣的大小問題，若能每天早起做瑜伽，可以讓我們重新充電（聞到樹木的味道、較少的車聲和人聲、聽到鳥鳴），得到心靈上的平靜。

2-5

種姓制度仍有影響力

雖然在印度憲法中明文規定「禁止宗教、種族、種姓、性別、出生地的歧視」，但時至今日，種姓制度其實已根深柢固在印度人的生活中，也常見於工作環境裡。

有些外商公司在應徵人的時候，是以文憑、在校成績及工作背景做為篩選的基準，曾有某間跨國企業聘用一位財務經理，然而他的總經理上司比他低種姓，導致總經理叫不動下屬，下屬反而以高種姓的姿態要求總經理別指派事情給他，最後這位新進的財務經理被解雇了。再比如某航空公司曾聘請印藉空服員，有旅客要水及食物，這位高種姓的空服員卻拒絕提供服務給低種姓的客人，被客訴服務態度不佳，同時，這些空服員也因自視是高種姓，有時也不遵守公司要求的「工作服務項目」，公司難以管理，後來就不再請這些「高級空服員」了。我也曾在搭機時，看到前排乘客一看到空服員佩戴高種姓的名牌，就不敢要求提供飲料服務；若是比自己低階，則是無限制地要求酒水。

外國人在這個系統下屬於高種姓，但在雇用員工時，就必須要稍稍留意種姓問題。餐飲服務業比較多來自東北印的工作者，種姓的影響似乎比較少；但對於製造業來說，對員工就要留意是否屬同階種姓或是種姓不同的狀況，尤其是管理團隊、辦公室人員、廠務人員等，一般生產線的員工也有可能種姓不同，這些都可以詢問周遭朋友們此應徵者的種姓，有大略的了解後，在後來的管理應該比較容易一些。

總的來說，目前在印度城市，尤其是一線二線大城市，種姓制度的影響比較少，可以看到不同種姓的人們互相交流、成為朋友。然而在一些農村地區或三線城市，仍然存在種姓不同對待亦不同的狀況，尤其是低階種姓更明顯的不同。

種姓制度如何劃分？

在古印度時期（即雅利安人〔Aryan〕統治印度期間），雅利安人為遊牧民族，在生活習慣上和達羅毗茶人（Dravidian）有極大的不同。尤其是在文明程度上大大落後，所以他們選擇在農耕、生活方式和文字等方面向達羅毗茶人學習並加以記錄，也因此有了第一部經文《梨俱吠陀》（Rigveda）出現，「吠陀」（veda）意思即是「知識」、「啟示」。在這段期間亦稱為「古印度的吠陀時期」。

在吠陀時期，當時有些雅利安人和達羅毗茶人通婚，造成部落組織形式與人種逐漸被達羅毗茶人同化，以及管理達羅毗茶人日漸困難等問題，為了阻止這個現象繼續擴大，且維護雅利安人自身種族純潔性，當時的雅利安人就把所有人依職業區分成四個等級，工作及生活上不得跨界，這就是瓦爾那系統（Varna System）。「Varna」的意思是種類、類型、等級、順序、顏色或行業類別等。印度的種姓制度的概念即從瓦爾那系統而來。把所有人從頭部開始劃分成四部分。這四部分，或稱四個等級或四瓦爾那。從頭部開始往下劃分：

第一等級婆羅門瓦爾那（Brahman Varna），即口、頭以上，顏色為白色，是掌管神權的祭司。Brahman 一詞有「宇宙中最高的原則」，即有神奇的力量。此為最高等級，他們具有誠信、誠實、純潔和智慧的品質。

第二等級為剎帝利瓦爾那（Kshatriya Varna），即手臂，顏色為紅色，是統治者及戰士。Kshatriya 這個詞來自 kshatra，意思是權威和權力。這種權威和權力的定義在於某些領土的主權，如同軍人、國王，掌握國家除神權之外一

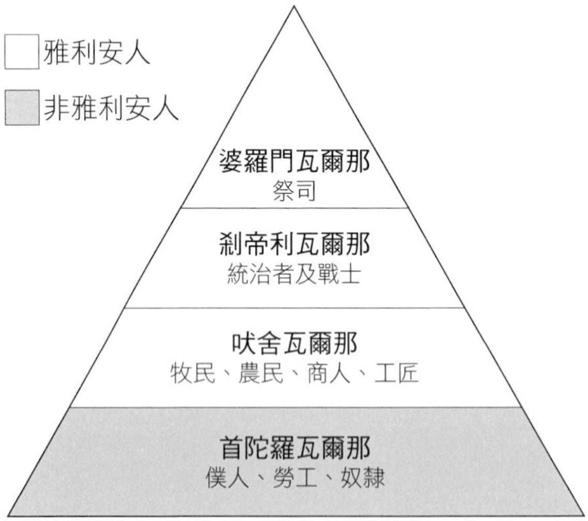

切權力。他們組成的身分是執政、管理、領導和軍事精英、戰士。他們在社會中的任務是在戰爭期間做為戰士戰鬥，並在和平時期進行治理，有責任保護領土上的居民免受傷害，確保每個人履行其規定的職責。

第三等級為吠舍瓦爾那（Vaishya Varna），即大腿，顏色為咖啡色，主要從事農業、貿易和商業。Vaishya 源於梵文「生活」一詞，此階級的人負責農耕和養牛（畜牧），任務是生產食物並提供各種祭品。隨著時間的推移，他們成為土地所有者，及從事商業買賣的商人。

第四等級為首陀羅瓦爾那（Shudra Varna），即腳，顏色為黑色，是僕人、勞工、奴隸、勞動階級。他們是被征服的居民，為前三個階級（即三瓦爾那）服務。

從第一等級到第三等級，在瓦爾那制度下都是雅利安人。只有第四等級首陀羅瓦爾那才是非雅利安人。

今日的印度是民主政府，人民都來自於非統治者、君王或是祭司，其實都是從勞動者首陀羅劃分出來的。意思就是九九．九％的印度人都來自於首陀羅瓦爾那階級勞工系統。

迦提系統規範社會運作

從原有的瓦爾那系統（以工作、職務區分），又再分出子瓦爾那（Sub-Varna System，或稱次瓦爾那），即迦提系統（Jati System）。與瓦爾那系統的不同處，或許可以說，瓦爾那系統談的是**概略性**的社會地位象徵，而迦提系統則代表**實質上**在社會的地位。又或可說，瓦爾那系統是大略劃分出來一個階層類別，但並沒有像迦提系統劃分得如此細節。

從瓦爾那劃分出的每個迦提系統，都有特定的職業及特定的社會體制（community），在此特定體制下有著一定的規範（包含了各迦提的習俗和對婚姻的約束力及權利）等等。所以沿至今日大家口中所說的種姓制度其實說的是迦提系統的種姓制度。

不過，一般說來迦提的數量很多，彼此之間並不會因為同屬於某個瓦爾那而地位平等，仍有其一套由上到下的秩序；各個迦提系統中的成員，像四大瓦爾那一樣各有義務必須履行，他們的某些活動也必須得到自己的迦提系統團體的同意。比如，聖雄甘地在想去英國學習法律前，必須向自己的迦提系統提出申請，批准其離開印度。由於「迦提系統」基本都是由職業產生，所以數量繁多，現今在印度有三千多種迦提。

印度的種姓便由原來的四個瓦爾那系統加上次瓦爾那系統並行，一直持續到今日。

不在種姓內的那些人

除了主要的四瓦爾那及迦提外，後吠陀時期還出現了另外一群人，即「不可接觸者」（Untouchables），亦名為達利特（Dalit），是不被歸類在四瓦爾那及迦提系統內的。

Dalit在梵文中為「破碎／分散」之意。來自首陀羅瓦爾那中，原從事屠宰、製革、埋葬和清掃等職業的人，或在其他瓦爾那中因曾嚴重違反規定、喪失身分，或是被征服的原始部落居民。除了最瑣碎的工作之外，禁止從事任何事，也不可以接觸其他瓦爾那及迦提。

到後吠陀中期，各種姓之間的界限變得分明起來。像第一層級的男性可以娶第二層級的女性：但是，第二層級的男性不可以娶第一層級的女性。層級不同的瓦爾那不可以同桌吃飯，下級的首陀羅當然更不可能跟上三層級者同桌用餐。

我曾擔任機器安裝的翻譯人員，不論是喝茶、午餐或晚餐，都看到經理層級先用餐、接下來是工程師，經理及工程師都在餐桌上用餐，勞工或技師則不能進餐廳，只能在工廠外或找空地席地用餐。詢問後才知這些人屬於首陀羅瓦爾那階級，不能上桌或進入餐廳吃飯。那麼外國人呢？就跟老闆或經理一起用餐。

「不可碰觸的群體」（達利特）顧名思義就是連碰都不能碰到的人（甚至影子都不能碰到）。他們碰到過的食物，基本上不會被四種瓦爾那層級食用，當然他們也不能進寺廟。

我曾參觀南印寺廟，看到寺廟外有一個類似渠道的出水口，但出水口的位置卻在人的喉嚨的高度，原以為是做為雨天排水之用，後來詢問住持，才知是專門給不能進入到寺廟的「不可碰觸」的族群飲水之用。

在後吠陀期，除了各層包含的職業變多外（多了次瓦爾那系統），範圍亦擴大了。同時，亦有了「階級」的雛形。

第一層級：婆羅門瓦爾那，基本的職業以傳授知識為主，所以仍包括祭司，還多了教師這行業。

第二層級：剎帝利瓦爾那，仍以掌握軍政權力的王室貴族、君王和武士、官吏為主。

第三層級：吠舍瓦爾那，除了地主、農民、商人外，多了手工藝業者。

第四層級：首陀羅瓦爾那，仍以勞工及服務為主。

第五層級：達利特（不可碰觸群），此層不被納入在瓦爾那系統。愈往後吠陀晚期，吠舍的地位日漸下降，首陀羅亦是。

英國人殖民印度期間確立今日種姓制度

英國人殖民印度期間，瓦爾那是梵文，轉成英文即為Caste，故瓦爾那系統就直接轉成「種姓制度」（Caste System）。為了保持白人優越感及方便管理印度人，就以次瓦爾那迦提系統為基礎，把原來舊的瓦爾那制度再分為兩大塊，即依工作職務劃分。英國人把前二層，即婆羅門和剎帝利，及部分的吠舍，劃分成「管理階層工作」，而第三層的吠舍及第四層首陀羅，則劃分成「軍官、執行管理職的任務」。第四層首陀羅下層，因為本就屬勞工階層，故再細分打雜、處理雜物即污穢之事。這個制度從英國殖民延用至今，即現在的種姓制度。

如何辨別哪種種姓？

很多人到印度創業時，除了生活上的問題外，另一大問題就是找員工了，深怕因為種姓不同而找錯人，通常很令人頭大。這麼大的土地外加上這麼多的人口，每一邦甚至不同區域，都有自己獨特的種姓系統及他們的姓氏，所以要嚴格區分哪種種姓真的很困難。

我們可以先從兩方面來做第一時間的粗略辨別。

第一，從膚色分。第一層婆羅門大多膚色較白，愈往下層的種姓膚色會愈深。當然這也非絕對，有時南印人的種姓甚至比北印人來得高，但南印人的膚色往往比較深。

第二，可以從姓氏上大略得知一二。但這個也並非一定，因為地廣人多，每一個邦甚至小區域都有自己獨特的種姓及姓氏。但通常可以從姓氏稍微來猜測行業別，及來自哪個邦的哪個小城。以下是以比較常見的姓氏做為粗略的參考。

- 若以 Harma 或 Sharma、Shastri、Rao、Aachrya、Trivedi、Dwivedi、Chaturvedi、Nair、Ayyar、Ayyangar、Bhat 或 Mukherjee 為姓氏，屬於婆羅門第一種姓。
- 若以 Pusapati、Kothapalli、Singh，或是以 raju ／ raj 結尾的姓氏，則屬於剎帝利第二種姓。
- 若以 Agrawal、Khandelwal、Mahwars、Gupta，或是以 chary 結尾的姓氏，則屬於吠舍第三種姓。
- 若以 Patel、Yadav、Kurmi 等為姓氏，屬於首陀羅第四種姓。

現在也有應用程式 App 可以從姓氏去查詢印度的種姓，如 Indian Caste Hub。

現今印度社會愈來愈開放，尤其是莫迪政府在幾年前提出「數位印度」政策後，隨著網路及智慧型手機普及，在一線大城如德里、孟買、班加羅爾等，種姓的影響沒有像以往那麼大。雖然二線大城以下及鄉村目前種姓制度的影響還是有，但是仍較前幾年少多了。

只不過，若要和政治人物打交道，種姓階級仍是非常重要的。

第 03 章

到印度工作
你必須知道的事

3-1

在印度工作的必知眉角

印度是一個奇妙而有趣的國度，即使是身處在相同的城市，但你會遇到的印度人或許來自不同地方，也會產生不同有趣的狀況，無法用其他地方的經驗來套用。在這裡工作生活，或與印度人有生意往來，只要弄懂印度人的一些思維，掌握印度職場的眉角，相信會更喜愛這個地方。以下分享我自己在印度創業十多年的觀察。

在印度生活工作

很多人來問我，該如何在印度找到好工作？我的第一個建議是：應該要先問問自己，到底能不能接受下列幾件事：

- 印度薪資大致來說遠低於台灣。若是直接在印度找工作，本地公司會配合當地的基本薪資來聘雇人員。
- 沒有太多消遣活動。因為宗教與民風保守的關係，無太多夜生活，也沒有我們習慣走出門就有一堆夜市和美食的環境。

- 大部分的工作環境、設施並不是那麼完善。
- 上下班的交通安排可能必須自己處理。
- 可能需要十八小時以上使用英文（尤其是印式英文），或是用當地語言來溝通。
- 上班時間依據各公司有不一樣的排班狀況（並非只有一班，也有可能為三四五六班制）。
- 需適應雜亂環境或空污問題。街道上布滿雜亂電線與電線桿，且處處塵土飛揚，空污也相當嚴重，比方印度人仍是用芥籽油做菜，產生的油煙很重，且目前使用抽油煙機的比例仍比較少；傳統慶典時，不時會聞到來自附近寺廟或鄰居在燒香祭拜的焚香味；冬天時因為天氣冷，附近的村莊或來城市打零工的帳篷族會在街上燒炭、燒樹枝做飯或取暖；抑或是各種車輛（柴油車）排出來的廢氣等，印度的 pm2.5 濃度都超標。

以上若你可以接受，那就表示你過了第一關。

印度綠能政策

目前印度政府正積極推動綠能政策，開始把一些車輛（如公共大巴、機車）汰換成電動車（如電動公車、電動機車、電動腳踏車）來降低城市居高不下的空氣污染。

融合印度文與英文的印式英文

我在印度發展的前一、二年，曾去古爾岡的 south point mall 旅遊公司應徵。薪水是一個月一萬三千盧比（約台幣五千兩百元左右），上班時間十小時（中午十二點至晚上十點），雖然上班時間跟台灣不同，當時的想法是去試試看。結果很快被打了回票，印度老闆覺得我聽不懂他說的英文，他也聽不懂我的美式英文，所以直接判定我的英文不好，不足於應付來電詢問的客人，以及與印度同事間的溝通。當下給我的打擊非常大，自覺有必要再加強英文。後來也就沒有再繼續找旅行社相關的工作，轉而把焦點放在中文教學上。

隔了一些年後，自己也認識了一些來自英美的駐地朋友，才恍然大悟，原來之前應徵失敗的原因竟只是聽不懂「印式英文」而已，並不是真的英文不好。後來陸續認識了一些印度朋友，也跟著他們學了一些印度文，便慢慢地習慣印式英文了。

印度英文的特色就是以英式英文為主並加上印度文，兩者融成特有的印度英文。比如要問現在幾點，英文是 What time is it?

印度文是 Samay kya hua hei？（桑梅 - 喀 - 乎哇 - 嘿）

如果你照著上面的整句印度文跟印度本地人說，人們會用非常奇怪的眼神看著你，似乎你是從遠古時代來的人。因為印度本地人不會這麼說，他們會說「Time」kya hua hei?（time 喀 - 乎哇 - 嘿）。把英文的 time 結合印度文的 Kya hua hei，形成了一個印度英文。

另外，若是使用全英文句子，發音和用法也和我們習慣的美式英文不同。印度人是英式的英文，在音調上比較低沉（不像美式英文比較高音調）加上印度文發音部位集中在鼻子及喉頭之間，又帶有捲舌音，所以增加了我們在聽力辨識上的難度。因此英美的電視頻道，若有印度人在說英文時，還是會上英文字幕幫助大家了解。

我在南印旅行時，有時會聽到當地人說「M」，會發成 YAM（亞嗯）。他們在拼自己名字時，如 Mukesh，就會告訴你，Mukesh 的拼法是 Yam for Mumbai（其實是「M」for Mumbai）、「U」for United、「K」for King、「E」for English、「S」for sugar、「H」for HongKong。我們會誤以為他的名字是叫 Yukesh，但其實是 Mukesh。

印式英文的用法有時也不太一樣。像在餐廳要結帳時，我們會說 Could we have bill, please? 他們會反問你：你要幾瓶？（他們會誤聽為 Could we have「beer」please?），所以在這裡結帳用 Check 即可。

如何學會印式英文？其實可以在網路上學一些簡單的印度文，也可以和印度同事學一點，久而久之，就會自動習慣把印度文直接加在英文裡面了。

十多年前，印度就業市場是不需要會中文的人才的，但隨著印度與中國或台灣的經濟交流日益增加，且越來越多中國觀光客前來印度觀光。這幾年當地中文人才的需求，從一般的辦公室職員、IT 產業、傳統產業到旅遊觀光業等等，突然變得很多。目前在印度有很多公司及網站都會公開招募會說中文的外籍人士或是當地印度人。

例如招募的是一般辦公室職員，大都必須由本人帶著履歷到當地去取得面試的機會，被錄取的機率會比較高。印度老闆或人資（通常看產業別），大部分仍比較喜歡直接與應徵者面試，甚至有的老闆還會用印文夾雜英文去面談，這對慣用美式英文或不懂一些印文的台灣人比較吃虧。

盧比換算新台幣

至二〇二三年二月，一百盧比約等於四十元台幣，盧比乘上〇．四即可約略換算出新台幣是多少。

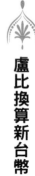

無法估算的價值

在印度的薪資水準，根據每人工作背景及經歷，薪水也不太一樣。但無論如何，若你是初次到印度工作的話，薪資會比在台灣來得低一些。像我在當地熟識的幾位台灣人，初期都是先來印度公司上班一段時間後，再跳槽到薪資待遇還不錯的公司。我舉兩個例子：

一位朋友在免稅店上班，工作十五天、休息十五天，看起來似乎還不錯，但需要輪班，為兩班制，早班（早上八點到晚上七點）上完後，隔天上夜班（晚上七點半到早上八點），而在上完這個夜班後，可有兩天的休假日。他的薪水介在七萬至八萬盧比（約合台幣二萬八至三萬二，不含稅）；另外一位朋友在飯店工作，上班時間是從早上六點到下午三點，跟著台灣／中國的上班時間走，而他的薪水就落在五萬至八萬盧比（約合台幣兩萬至三萬二千元，不含稅）。

通常印度薪資不會到那麼高，這兩位的薪資在當地算是特例。一般在印度的辦公室薪水是介在兩萬至四萬五千盧比左右（約合台幣八千至一萬八千元），當然也會依據各產業別而有所不同。大家看到這樣的數字可能會打退堂鼓，但另外一方面可以好好思考的是，印度的物價並不像台灣那麼高，所以扣除日常生活所需費用後，若是薪資落在三萬至五萬盧比，仍可以存到一些錢。

不論是自己或透過朋友找工作，在印度工作的起薪一般都不會太好，若是以為跟以前外派到中國的台幹一樣，有兩倍以上的薪水，那在印度找到工作的機會可能就不大，若碰到的是印度老闆，可能會花較長的時間才能找到符合自己要求的公司。除非是外資（含中資或台資或合資），薪水才有可能會比台灣好。

除了薪資問題，在印度工作也要具備自己解決問題的能力。畢竟印度不同於台灣，每家公司雖然都有SOP，但身為外國人卻未必能真正了解SOP的精髓，因此工作時間及壓力可能是在中國或台灣工作的兩倍之多。

最後必須要提醒的是，在印度若用眼高手低或我高你低的心態來工作，必會碰到很多阻礙，導致工作不順利。若能以學習的心態試著「融入當地生活」，相信會有更多收穫。更何況，個人覺得來印度最大的紅利就是可以賺到在印度工作的經驗值，而這些經驗值可以轉換成往後換工作的優勢，或許，這個價值才是無法估算的。

在印度找工作的方式

可以透過當地的人力仲介或人力網站，或是透過熟識的業者幫你找工作。人力招募網站有：

- Naukri.COM（像台灣的 104 人力銀行）
- Monster.com（像台灣的 1111 人力銀行）
- Shine
- LinkedIn
- Iimjobs.com
- Indeed.com
- Glassdoor
- Hirect.in
- TimesJobs

這些人力網站就像台灣的 104、1111 人力銀行，會給會員免費使用部分功能。若是當地的人力仲介公司則可能有一些服務費用，每個公司收費不同。

3-2

和印度人一起工作——台印工作態度大不同

在海外工作過的人應該都知道，一般外國人做事，說一就是一，你叫他多做二，似乎不太可能。這在印度更是如此。工作分得很清楚，絕不多做。

我舉個辦公室打掃的印度阿姨的例子。她負責每天清掃教室與辦公室的地面，但是非但不準時來打掃，且根本只揮揮掃把做做樣子，掃過的地方老師們還要再掃一次，跟她說哪裡不夠乾淨，還要大聲爭論；想來就來，不想來就不來，月底一樣要拿整月的工資，若扣薪就耗在辦公室不走。為了要讓自己手邊的工作順利進行，通常想說算了、用錢打發她就好，我們再找別人，但再找來的情況也一樣。我和北歐外交官朋友提到這種狀況，原以為在大使館工作的品質會不一樣，沒想到他們也碰到一樣的狀況，一沒有盯著看，就會隨便應付了事，也用各種理由請假，有時還會臨時不來，復工後就要求你付休假期間的費用。但只要是過節時期（如排燈節或侯麗節（Holi，或稱色彩節，時間是印度曆十二月的月圓日，通常是在西曆三月前後。這段期間會潑灑七彩粉末慶祝））一定會來上班，期待可以分到一些禮品或乾果。這就是印度人做事方式，好康都會搶著要，有不好的就推、拖、拉。

印度教育系統與台灣大不同

通常比較沒有受過太多教育的印度人，可以進入公司體系工作的機會較低，若能進到公司，通常可能只是警衛或倒茶水的小弟、小妹。若可以做到辦公室職員，教育程度通常都是職校或大學畢業。但在印度縱使是職校畢業的學生，素質也未必跟台灣職校的學生一樣。教育程度不同的員工，也會因為學校的教育方式／作法不同，在靈敏度、細心、責任感上有很大的落差。

在台灣，學生學到的知識都來自於學校的教師，但在印度卻未必如此。因為學校的行事曆依據各學院自行訂定，也會因為教師臨時有狀況而有所異動。所以當學校無法滿足學生的求知欲，學生會求助於補習班或是自行請家教來通過考試。印度學校有些教師無法傳授知識給學生，但手中卻握有文憑的生殺大權，讓學生即使不滿，也不敢造次，只能乖乖聽從；有些教師則會以「點名／出席率」方式去判定學生的成績；也有教師會以「個人主觀意識」去牽制學生的成績。

在台灣一般學校在開學時會公布行事曆，像重要節慶、期中考、期末考等，師生可以遵循排程來完成課業。但印度學校的行事曆，像期中考、期末考的排程都還可以因故更改日期。常有學校老師上課遲到，甚至不來上課而讓學生整節課空等的情形也時有所聞。

我的韓國朋友在西印度一間大學念書，有時上課時間到了，她卻還在和我說電話並沒有出門，問她原因，她說：「今天教授不知會不會來，即使來了，也可能遲到一小時。一堂兩小時的課，我有可能只上一小時，甚至不到一小時，所以不用那麼早去上課，反正我準時到班上的結果，也可能是上不到三十分鐘的課就下課了。」當時聽了很不可思議。

以上例子不是特例，這在印度是很普遍的情況。我有另一位在印度就讀知名大學的歐洲朋友，她申請到自己國家的獎學金來印度讀書，兩年的留學生涯本以為可以風光回鄉，殊不知是一場惡夢的開始。起始於她曾公開在其他學生面前報怨教授不守時及時常缺課，而讓她的學習權益受損。當時的她並沒有想太多，只認為「師者，傳道、授業、解惑也」是理所當然的，但她在課堂上問的問題，這位老師都沒有解她的惑，反而連「傳道」這個基本義務也都沒有做到。當時老師曾提醒她「注意自己的身分是一位學生，說話的對象是老師，需要有一定程度的尊重」，當下她並不以為意，只是覺得自己的學習權益需要被重視而已。沒想到這位老師，在最後期末考時（必修課）只給她五十九分（六十分及格）。她原以為是因為自己沒有認真念書，再修一次應該就會過，然後就可以順利返鄉。沒想到這位教授在她重修一次後，再次給她不及格的分數（五十八分）。當她在其他學分都拿到後，只剩下這門課沒過，她就找了教授問是不是哪邊出了錯？教授回答：「再修一次就會過。」所以她又在印度多留半年專門修這堂課，結果，第三次重修分數仍為不及格（五十九分）！詢問教授，教授說：「我就是要讓你畢不了業，拿不到畢業證書。」最後她甚至拜託大使館人員與學校高層出來與這位教授交涉，最終還是沒有拿到學分，所以當然也沒有拿到畢業證書。朋友後來只能黯然回國，並且警告所有要來讀書的外國學生別進這所學校。

雖說這幾個例子並不代表印度所有學校，但就整體上來說，印度的教育系統確實和我們的系統有著很大的不同。

事情有做就好，而不是把事做好

台灣人通常「整理的能力」會比印度人強一些。什麼叫「整理的能力」？就是對於事情的規畫、分工、時間掌控與做事情的態度，都可以有條理、有系統地做好。我們可以在同一時間順利完成不同的工作項目，不論是做事的條理及自動自發完成工作的特質，都較「自由派」的印度籍員工略勝一籌。印度人做事情並沒有一定要「到位」的概念，始終有「better than nothing」（有總比沒有好）的習性。

在公司若沒有每天詢問印度員工工作進度，一般都不會主動回報，要主管詢問才會說。相較之下，台灣員工會根據時程自行完成應有的進度，但印度人只會等主管催促才做。有一間大型台商公司每一季會有一個進度完成檢討表，之前印籍工程師規畫預計完成進度都固定以三個月為基準，後來這家公司把印籍主管換成台籍主管，在台籍主管接手後，所有進度都超前，原本預計三個月完成的案子，兩週就達成目標（其實是真的只需兩週就可以完成工作，但之前都是三個月，所以這個印籍工程師也就直接套用三個月來做報告），印籍工程師寫報告時，寫出達成率一六〇％（為了要突顯他的能力非常好，達標超過百分之百，用一六〇％來表示），台籍主管反問他，百分比的定義在哪？怎麼會有一六〇％？超前進度完成，仍應該以一〇〇％來表示才合理。而這位工程師還是以碩士學歷進入此公司的，讓這位台籍主管直搖頭。

我們公司曾請過一位印度籍員工，工作了一陣子後，我請她做一些行政表格（如收據、出缺勤等等）。某天來了三位學生並完成報名和繳交註冊費，隔天我問她，這三位學生付了訂金，還有哪些款項未繳？會在什麼時候繳清？她竟反問我：「他們還需要繳多少錢？」我啼笑皆非說：「這問題應該是你要給我答案吧？」還有一次她找不到申請表格，又來問我。我無奈地說：「到底你是來幫我做事，還是我幫你做事？」她聽到後，自己也不好意思地笑了笑。她沒有認知到工作必須要會解決問題，時常下意識就問。所幸被我反問過幾次後，這個狀況愈來愈少，久而久之，幾乎就沒有再發生過了。我們這位員工是剛畢業的學生，可能缺乏工作經驗，後來我們雇用有經驗的員工後，這個狀況相對也少一些，但又跑出另一個老油條及倚老賣老的問題。所以整體來說，印度員工確實要花點心思管理。

另外，曾有位報社駐點記者雇了一位印度司機，第一年表現正常，準時上下班，要去哪都隨傳隨到，但是到了第二年後原形畢露，經常遲到、不請假就人間蒸發，這幾乎是印度在地外資最頭痛的事。這位記者有一次很生氣地跟我說：「他這是什麼『態度』？」我反問：「『態度』怎麼定義？」他愣了一下。我繼續說，「你的司機對你向他提出的『態度』問題，應該沒有什麼反應吧。」我接著告訴他：「印度人不了解什麼叫做『態度』，『態度』這一詞是很虛的，而且也很主觀。」

後來，那位司機不做了，也沒有提離職，而是直接在上班日沒出現。這位記者以為他又遲到了，也沒有打電話追問，直到近十二點多，才發現司機遲到太久，打電話去問才知道他不做了。記者又再度生氣地對我抱怨：「這些印度人要離職怎麼都不說呢？」我回答：「在這個階層的印度人，大都不會去辦『交待』的事，而是『隨興』行事，下次要找司機，記得盡可能找曾在外商工作過的司機。受外商教育過，工作態度應該會稍微好一些。」

面對自由隨興習慣的印度員工，是無法用我們以為的常理常規來預期的，這些員工若沒有花點時間和他們搏感情，通常也是表面敷衍了事，其實只要能以學習的角度和他們多溝通，也多一些耐心，相信可以減少彼此的磨合期，並看看能不能訓練出比較符合我們台灣人要求且合理的工作態度了。

從小就被訓練「據理力爭」

因為人口多、種族多、多語言及種姓制度的影響下，印度人從小就被訓練出要能「舉一反五」的「即席反應」能力，碰到任何事都可以說得出理由。他們會為了自己的權益而據理力爭，若撒謊被視破，仍可以當做沒事一般。

舉例來說，我認識一位台商，在印度從事化學品貿易業，在新冠肺炎封城期間，因疫情嚴重而提早返台，並告知辦公室的印籍員工全部居家辦公。從二〇二〇年三月到七月，三位印度籍員工都在家辦公。印度政府在二〇二〇年八月解禁，即小型辦公室可以允許三成的人力辦公，部分商家也可營業，故此台幹要求他們回辦公室辦公，員工卻表示，邦與邦的邊境還沒有開放，沒辦法去上班（但事實上是有開放的，只要用手機提出申請許可證，即可以跨境上班）。台幹聽了，就指示繼續在家辦公。九月七日，政府下了指示，德里地鐵會重新啟動（先開放一條線），辦公室可逐漸恢復上班，商場各活動場地開放（可允許百人之內）。這位台幹也要求所有員工要回到公司上班，結果，有位員工回覆：「目前仍在封鎖期間，你強制要我們回去上班，會被捉去關起來。」這位員工想用威脅的方式讓公司允許繼續在家辦公，繼續領原來的薪水。後來這位台幹把政府發布的公告，直接標示出來並傳給這個員工，跟他說公司照著政府規定，公司並沒有違法，請所有人下週起至公司上班。其他員工看到政府的公告後，才沒有其他異議。

也曾聽另外一間公司提到，有位印籍員工曾和主管反應公司少給二天年假，若公司不給，就會提告公司。這家公司以為真的少給假，後經查明反而多給了年假。他們公司週休二日，並給每位員工一年十四天的年假，再加上印度的傳統節日，總休假數在二十四至三十天左右。每多待一年都會再增加一天，若待滿三年，則年假就是維持最後的天數（這家公司規定，第四年開始休的天數和第三年的一樣，不再往上增加）。是這位員工忘了加上傳統節慶的天數，一直以為公司欠他們休假天數，直到這位主管把之前已放的天數一一標示出來，他才沒有再繼續爭辯。

只要你的公司都合乎法規，對於印度員工的這些行為倒也不必太過在意，因為印度人自小就習慣要為自己據理力爭，就算很明顯的無理之爭，但他們還是可以表現出公司虧待員工的樣子，待公司出示合法經營沒有違法規定的證明後，他們就會像什麼事都沒發生過一樣繼續生活。所以不需要因此而受影響，不如隨時準備好見招拆招，兵來將擋，水來土掩吧。

印度法規的帶薪休假日

在新冠肺炎發生前，印度規定每週勞工的工時不可以多於四十八小時，每週休一天。加班需付雙倍薪水，每季加班不可以超過七十五小時。（疫情期間，印度的古吉拉特邦及旁遮普邦政府提高了工廠最高工時至十二小時，其他邦則每週不可超過五十小時的工時。）

關於年假特休如何算，每個公司採取的計算方式也不太一樣。

根據印度勞工法，政府部門（聯邦及邦政府）為週休二日，一般私人企業多是週休一日或休第二及第四個週六，員工在工作滿二百四十日後，每二十日可有一日支薪的年假。若以一年三百六十五天計算，則一年有十八天的支薪休假，另加上印度政府的國定休假日，加起來可能有二十八天至三十天左右年假。

其他私人企業則也有可能是另一種計算方式法，即根據印度勞工法，有特別規定在滿一年後，可以有支薪的七天事假和十四天的病假，加上七天的國定假日休假日（含國定假日及印度傳統節日），共計二十八天帶薪休假日，但以上還是會根據邦政府規定不同而異，也會因每個公司定義的上班休假日而異。目前大部分公司採週休每月第二、四個週六為休假日，以隔週休來計算，一個月有兩天休假日，一年有二十四天週六不上班，也算在休假日內，所以大部分當地公司帶薪年假幾乎都介在十二至十五天左右，包含印度的傳統節日天數在內。即一年二十四天休假日加上十二至十五天，一年總休假日在三十六至三十九天。再次提醒，這個帶薪休假日的算法會根據每個邦政府及公司規定而異，唯一要提醒的是，若是每週六都要上班（只放週日），則年休假帶薪不可以低於二十八天。

犯錯而不認為有錯

印度員工並不都像台籍員工一樣講求工作原則及職業道德。印度員工占公司便宜的事情時有所聞，像是帶走公司茶水間的茶包、糖、咖啡，或是作會計帳時中飽私囊等等，這類情事在台籍員工發生機率也比較少。

有一家在南印度的台資廠，為了要拿下一家韓商的訂單，特地在開會前兩小時放上事前買好的韓國餅乾及飲料，希望給貴客們好印象，進而拿下訂單。會議在下午三點，這些小點在下午一點就已先放好，等待客人來訪。結果午休過後，台幹再次確認會議室時，發現原先準備好的韓國餅乾及飲料全都不見了，只留下空空的盤子。此時距離開會時間不到一小時，完全來不及再備其他小品，最後只能以水、果汁和咖啡來招待韓國客人。

事後從監視器調出，才發現是自己的五、六位工程師一把將桌上餅乾全都拿走了，主管把人叫來問原因，這些工程師們表示，這些餅乾並沒有標示是開會要用的，以為是給大家吃的（這時就可以看到，犯了錯仍不會說是自己的錯），所以也不能怪他們全拿走了。主管反問他們，什麼時候看到內部的餅乾會一盤一盤放好，並搭配好一瓶一瓶的飲料？後來這件事的後續處理就是扣除工程師部分的業績獎金。因為在工程師簽工作合約時，合約上就有載明相關條款，若在沒有詢問下動用公司物品，即違反了公司的規定。

3-3

與印度人做生意要注意的三件事

若是聘請到與我們在理解和溝通上有障礙的印度員工時，或許可以換個角度想，這剛好可以培養自己另外一個修身養性的功力。但與印度公司做生意，要是無法大略捉到或釐清印度人的一些邏輯的話，損失可能就非常巨大了。以下三件事不可不知：

一、交貨期要預留更多時間

要跟印度人做生意或是請印度人來工作，得預留更多的工作時間，以防開天窗。若有涉及延遲交貨而需賠償的條款，更是需要抓更長一點的時間。剛到印度且即將常駐的台幹們常說：「印度人怎麼會這麼樂天，完全不擔心貨交不出去或工程無法準時完工的狀況呢？」

二〇一七年，我在德里的辦公室要拓點，在十一月底找到地點，也在十二月初簽好合約。新據點裡空蕩蕩的，一般承租人都要自行處理內部裝潢和隔間，需要電工、隔間工、粉刷工及辦公家具等互相配合，協調完成工作的時間。我們在月初時找到了隔間工人，請他做好隔間規畫，同時也請了電工共六人，要拆裝電線及冷氣。冷氣主機架在封閉窗外的牆上，在不能打破玻璃窗的情況下，電工們必須從一樓外的陽台，利用高梯子向上爬到二樓窗外，在窗外把三台冷氣主機以「空降」方式拆下。原以為一切都安排妥當，新的據點可以在月中啟用，無奈在印度永遠都有新的狀況發生。

我和電工及冷氣工團隊討論拆下三台冷氣的方式，都確定無誤後，隔天大家也「準時」到公司，才發現樓上的住戶不在（他們有頂樓的鑰匙），問了房東對方的電話後，打過去才知他昨天離開德里去參加婚宴，預計三天才後會回德里（我們之前曾先詢問過近期是否有出城的計畫，對方回答沒有）。無計可施下，只能先把內部能拆的全先拆了，並裝到另外一處，電線也請電工先做能先配電好的部分，其他就等三天後再補上。三天後這位住戶仍沒回到德里，又多拖了五天才回來。同時間我也連絡電工，是否能在隔天來完成尚未裝配好的電線。電話打了又打，都沒有接，連續兩天都連絡不上，後來找了另外一家電工，也拖了兩天才把電整個配齊。如此來來回回，等來等去，就這樣多了十天的時間，我們新的據點才開始使用。

這只是延誤到內部的時間，但若談到交貨期，建議需要再預備一個月的時間。而印度人自己通常在交貨期，還會再多抓一到二週，原因是不確定工廠是否準時交貨，若準時交貨，也不知貨運行或報關行會不會準時運貨或報關；若是透過火車運送，則不確定會不會在運送中途因火車誤點而延誤了進倉／報關的時間。

有某家台資公司要用火車運送一批貨至北印的昌迪加爾（Chandigarh）。工廠準時交貨了，但當貨運送到火車站前，碰到貨運行要繳邦稅，當天一堆卡車都要往北走，卡車就在邦界等了六個多小時，只為了要排隊出示文件，然後也錯過了要往北的火車，就這麼拖了一天。貨物上了火車後也因為每站未必會準時開車而誤點，後來這批貨交到客戶手上時，遲了整整一週。幸好交貨的對象為印度國內商而非國外客戶，能理解這個情況。所以在印度做生意，交貨期一定要預留多一點時間，以免太多無法預期的狀況，搞得你心臟無力大腦細胞壞死啊。

二、印度特有的印式殺價

和印度人做生意，有時候是考驗自己，因為他們可以為了一筆單價只殺價美元一分錢（台幣三毛）的產品跟你耗很久。為什麼呢？因為那就等於是路邊半塊薄餅的費用啊！再者，若以一張數量一萬個的訂單，那就有一百美元的差價了。其實在平常生活中，印度人很習慣以「總價」去分析。

比方說，買水果時，通常會問一斤多少錢？但在這裡，有時在問好了單價後，就會接著用「若買五斤可以算多少錢」做為討價還價的基準點，透過這個總價基準點，再往回推算可以賺多少錢。

台灣以電子產品聞名，所有的產品都會經過安規認證，如 NCC／BSMI／CE／CCC／UL／GS 才販賣到世界各地。台灣的某公司曾接到一個印度客戶的單子，對方跟該公司購買電池來印度，印商怕台廠電池品質出問題，提出未付的二成尾款貨款當成品質瑕疵的賠償費用，先付八成貨款，餘下二成待貨品抵達印度後，再以電匯方式結清。在貨到了印度後，印度商反應電池不像台商說的，可以達到六個小時電池續航力，只能維持個大約四小時左右，而要求台商自行吸收尾款，去彌補這個印度商收到NG品的損失。這家公司不接受這個提議，並提出所有認證，出口到其他國家品質也都沒有問題。後來，也透過台灣貿易局向這家印度商提出貿易訴訟。

目前在印度的基礎建設還是非常不足的，停電在印度是平常事。就算是一線大城（德里、孟買、清奈、海德拉巴、亞美達巴德、浦那、班加羅爾及加爾各答）也不時會停電。尤其在夏季，各城溫度皆會達到四十度以上，一天停電次數少則一、二次，多則六、七次，冬天停電次數比較少，當再次來電時，電流的脈衝都很大，若此時手機或電器用品處於充電中，很容易充了幾次就壞了。電子產品的耗損率相對增加，跟印度的大環境有關。但印度商就會以此做為談價的籌碼。所以建議賣電子產品來印度前，需提出「停電因素造成產品使用異常或使用壽命減短」這個潛在因素不在賠償換貨範圍內，避免收不到款項。

印度的貨幣及計算單位

在印度國內使用的金錢單位，除了個、十、百、千、萬外，也有比較特別的十萬Lakh（雷克）及千萬Crore（蔻洛）的單位。比方說，買一台車，通常大家都會說，這台車要六個 Lakh，就是六十萬的意思。

十個 Lakh，就是一百萬的意思。一千萬則是用另外一個單位 Crore 做代表。在印度做生意時要注意一下這金錢單位的算法不要搞混了。

一個雷克 1 Lakh ＝十萬元

十個雷克 10 Lakh ＝一百萬元

一個蔻洛 1 Crore ＝一千萬元

一百個蔻洛 100 Crore ＝十億元

三、生意往來不可全權信任

在二〇二〇年三月，有幾家台灣廠商在疫情爆發時，聯合跟一家印度廠訂購製作口罩用的 SSMMS 熔噴布，原訂交貨期為六月二十五日前交貨，台灣端已先付了二十四萬美元貨款給印方，但到六月初眼看交貨期快到，但台廠都沒有收到任何出貨通知，台灣廠商們以通訊軟體、email 聯絡印度廠家，對方都不接電話也不回訊息。過了交貨期後，印度廠家則回應因印度鎖國禁令遲遲無法交貨，但又不願意退還貨款，導致這些台灣廠商們被台灣客戶們除了要求退款外，也被要求損失賠償。

這個案子後來由經濟部國貿局進行後續處理。我覺得要補償金錢上的損失很難，錢付出去了，尤其是在疫情時刻，是很難拿回來的。再者，不論何時，事態愈是緊急，愈不能先付錢出去，因為印度廠商知道全世界都在找熔噴布，所以即使錢先收了，若有其他買家願意付更高的費用時，印度人會選擇先出貨給出高價的買家。再加上這些在台灣的台商們並沒有在當地配合可信賴的公司，所以印度廠家根本肆無忌憚。所以，切記，時間愈急，愈不可以先付錢給不常交易或第一次交易的印商。換個想法，生意可以以後再做，但錢付出去，拿不回來就是拿不回來。

跟印度人做生意，除非深耕當地許久，不然真的防不勝防。還有另一個例子：

另一家台灣公司在二〇一九年初，銷售一批化工產品至印度某一間公司，交易的條件為D/A（承兌交單，Documents against Acceptance）七十五天，結果餘款四十萬零六百美元未能收回。印商公司以品質有問題為由而拒絕付款，並要求台灣公司退、換貨並賠償。台灣公司請印商公司提供資料及照片，印商公司已答應提供相關資料佐證，但最後並未提供。台灣公司有印度當地代理商，遂請代理商協助持續溝通協調，同時代理商發現印商公司仍在市場銷售這家台灣公司的產品。其間台灣公司請代理商前往印商公司工廠採樣，並把樣品送至第三方（SGS）檢驗，檢樣報告出來也顯示此台廠產品品質並無異常。

這家台灣公司一直找不出到底是哪裡出了問題？二〇一九年九月，台灣公司收到印商公司內部員工的檢舉信，信上說明此台廠產品沒有問題，是他的印度老闆指示員工們在台灣公司來訪前夕，把部分產品移到另一個倉庫，並在這些產品內添加其他化學品，讓隔天來訪的台灣公司人員採到不合格的產品，藉此要求台廠賠償。台灣公司後來與台灣的律師、印度代理商和印商公司內部員工（請他做為證人）一起到印度當地的律師事務所諮詢，後來台灣及印度兩邊律師皆建議台灣公司向印商公司所處的轄區警局報案，因印商公司的行為已構成商業詐欺事件。台灣公司遂接受建議前往報案。

十二月初，初步結果出爐，印度警察辦公室認為，證人的說詞不可信，此台灣公司投訴內容涉及其所供應商品應屬民事爭端，並沒有犯罪行為，因此印商公司不會背上任何刑事訴訟的罪行。這個結論當然無法讓台灣公司信服，後來轉輾尋求台灣官方的協助，後續仍在處理中。

這個案例很像是口頭上先取得對方信任，包含出示很多賣給店家的發票、參加一堆工會成為會員，等對方同意以 D/A 方式交易後，就知道對方上勾了。接下來等貨到了印度後，便利用很多不實的藉口來拒付貨款。這就是很典型且帶有目的性的詐欺了。

其實不論在哪個國家，一般不會用 D/A 方式做交易，尤其是印度這個國家，大部分都是 T/T in Advance 或是即期的信用狀 L/C at Sight（Sight Letter of Credit）。

若在第一次交易後遇到不良品的狀況，台商應該直接飛往印度突擊檢查（也不用通知印度代理），帶著自己的品管人員，以自己的儀器來證明自己的產品沒有問題。另外，若在當地並沒有或尚未註冊公司，就不算印度政府的管轄區，所以即使跨國打官司也贏不了。不得不小心！

比較 T/T、L/C、D/A

- T/T in Advance：先電匯再出貨。
- L/C at Sight：L/C 信用狀（Sight Letter of Credit），是指買方透過銀行的保證及自己在銀行設定的擔保品、預付款或信用紀錄所開出的購買契約。而信用狀又有即期（At Sight）和遠期（Usance 或 Deferred）之分，即期 L/C 是指出貨之後，拿到 L/C 上所規定的文件，即可到自己的銀行去辦理押匯手續，立即拿到現金。當然你必須要事先到你的銀行辦妥相關手續，取得額度才能押匯。
- D/A（Documents Against Acceptance）承兌交單，是賣方亦依約交運貨物，然後委託銀行向買方代收貨款。基本上，銀行只負責代收款項，並不提供付款擔保，亦無一般信用狀需詳細審核單據之義務。在代收銀行通知買方（進口商）後，只要在跟單匯票上簽名或蓋章表示承兌後，就可以取得提單去領取貨物，要等到那張承兌匯票上的約定日期到期才付款。所以如果買方不付錢的風險就常由賣方承擔。

3-4

印度的創業環境①找辦公室、報稅、貨運物流這樣做

來到印度創業，許多法規細節都得從頭搞懂，從公司設點到弄清楚稅務、貨運等問題，在開始之前多做一些功課，就能讓大家少走許多冤枉路。若一直想要拿著「中國經驗」或「其他國家的經驗」來複製印度市場，那你肯定會遇到相當大的挫折或失敗。因為印度沒有一個「標準化」的系統可以遵循，即使已經在這常駐的台商們每個人都仍會碰到不同大大小小的狀況，印度模式是非常特別的，也因此才有「不可思議的印度」的評語。

該如何找到合適的辦公室地點？

很多人或企業剛進軍印度碰到的第一個問題，就是要在哪個城市設立公司。是北印的新德里、西印的孟買、還是南印的班加羅爾或清奈？沒有一個印度人可以很準確地告訴你哪個城市比較適合，在印度真的會碰到很多模稜

兩可的答案，問的人愈多，給的答案愈複雜。

舉個例子：有一家台灣公司最初要在清奈設點，後來移至德里，過沒多久再移至班加羅爾（班城），班城成為最後落腳地。這家公司當初選擇在清奈，是因為看了媒體報導，覺得清奈有較多工廠，似乎在推自家產品時會比較順利，後來這家公司的先遣部隊去了清奈後，發現居住環境不像電視媒體報導那樣好，再者每個區域點對點之間的距離都很遠，加上居住的機能性不佳，怕台幹派來後，沒多久就會辭職閃人；後來聽說德里應該還可以，來到德里後，又發現這裡的工廠比較小，能利用的土地有限，且不具有一定的規模，工業區也在德里近郊三小時外的區域；過沒多久，又聽從其他印度人建議至班城，當第三批人員去了班城後，也發現和前兩個城市差不多的問題，但班城的工廠群聚比清奈近一點，台幹住宅的生活機能區也稍微好一點，也離主要的客戶最近，最後敲定在班城設立公司。這段設點的過程，前前後後耗費近九個月的時間。

印度也有像台灣可以臨時當註冊點的商務中心，但這商務中心並不是「完全合法」的。在印度一個公司的註冊地址就是一個「辦公室」的地址，而非「一張桌子」。公司要有註冊地，而商務中心僅算是分處的一個辦公點。或許很多會計師會跟投資者說這都是合法的，但嚴格說起來，商務中心合法性是不足的。若政府真要嚴格追查也會有問題，所以仍建議大家還是合法註冊公司。個人建議，若可以在選定地點前，多探訪印度不同城市，能省下很多時間。省下的時間可以專注在開發經銷通路，或是去了解更多經銷商，同時也可以透過印度客戶，更清楚並了解這個產業市場。

數位印度，讓印度和國際接軌

從二〇一五年七月印度開始推展「數位印度」（Digital India）。若不是「數位印度」這項政策，印度目前仍是辦事效率極度不彰的國家。這個政策讓印度正式與國際接軌，也間接地帶動了印度國內的經濟及生活技能。像現在人手一支手機，都可以使用 WiFi 網路連線，連領日薪的勞工都可用很便宜的費率去購買 3G、4G 或 5G 的使用費，加強城市與鄉村間的連結，帶動了鄉村的經濟活動，同時也加速了中央和邦政府之間的辦事效率。在新冠肺炎疫情這段期間，手機的網路使用也大幅成長許多，印度電商也在這段期間因疫情無法外出的消費需求而迅速生長。

報稅流程變簡單了

在印度未推行「數位印度」前，每次要報稅時，需要會計師在特定軟體下申報完後，再把申報好的表單印出來，到特定的收單中心繳件才完成。有時碰到停電或收單中心連結到政府的主機當機，就需要來來回回跑件，時間全耗在送件上。但自從「數位印度」政策開展後，舊的臨櫃紙本、人工審核的方式改成了電子文件審核，直接上傳至政府的系統，審核的效率增多許多；也不用一直跑銀行或特定的窗口繳稅，直接使用網路銀行，省了很多時間。在新冠疫情期間，「數位印度」的政策實際發揮出來並幫助到了印度國內，也因為如此，印度在第二波最嚴重的疫情期間，政府及大部分企業都還能在家把公務及業務維持運作，而不至於停擺。這真是一個非常好的政策。

新公司註冊所需時間縮短了

除了報稅流程外，外資要來印度註冊公司的所有流程也都電子化，大大縮短了新公司註冊的時間。之前要註冊公司通常要花上至少三至六個月以上，目前印度政府大力推廣外資來印度設公司、設廠，註冊公司的流程很簡單，只需要備妥相關要求文件，上傳即可。這些文件在台灣的準備時間約一個月左右，然後送來印度，再由會計師協助送件並填寫相關的表格即可。從文件送去印度公部門到登記完成並拿到營業事業登記證，差不多一至兩個月。

這次疫情讓印度政府在審核註冊新公司的政策上有點改變：在疫情爆發前，很多來自中國的投資可以直接投資印度（一般行業），自動審核不需要經由ＲＢＩ（印度儲備銀行，即印度央行）審核；但疫情爆發後的二〇二〇年五月，印度政府發布所有來自中國的投資都需經ＲＢＩ審核。

Aadhaar Card 讓騙子變少了

在二〇二〇年的十月，印度全國第一張 Aadhaar Card 由馬哈拉施特拉邦發出。

Aadhaar Card 有點像電子身分證，有十二位數字碼（身分編號）加上指紋和虹膜記錄。只要刷一下這張卡上的電子條碼，所有個人資料包含銀行帳戶、金融交易、醫療紀錄等都會一一呈現，不再需要透過各種管道去徵信。推出初期曾發生只要花一百盧比就可以買到個資的安全性漏洞，所幸後來相關單位已經修正這個漏洞。隨著電子化政策的要求，在發行第一張 Aadhaar Card 後，推動相關法規的更新，如銀行帳號、電話、稅卡（PAN Card）等等，都被要求必須附上 Aadhaar 做為證明。

在 Aadhaar Card 推行前，印度政府要求所有人包含外國人（持有 PAN Card 者）一律要申辦 Aadhaar Card，銀行資訊也要更新，也不時收到銀行的訊息通知：若沒有更新，Aadhaar Card 的帳號在特定時間後一律會被鎖住。但是同時又聽聞外國人不需申請 Aadhaar Card。當時的狀況十分混亂，有些台廠為了避免麻煩，便為台幹們都申請了 Aadhaar Card。後來法令執行時，印度政府公告外國人不用申辦 Aadhaar Card。

總之，Aadhaar Card 政策算是印度每十年做一次人口普查的另外一項政績了，只憑一張 Aadhaar Card，就能得知所有個人訊息。

在沒有 Aadhaar Card 時，很多人都會拿假的身分證ＩＤ去招搖撞騙，有很多人被騙，卻求助無門。自從有了 Aadhaar Card 後，只要掃一下電子條碼，所有資訊都會完全呈現出來，若有詐騙行為，就可以透過此卡去找出來，也因此杜絕了一些詐騙事件。也有一些人可能在他的家鄉犯了一些刑事案件，而後又跑到其他大城繼續犯罪。有了 Aadhaar Card 也可以將犯罪案件很快偵破。這些都是 Aadhaar Card 的好處。

Aadhaar Card 確實會讓政府很快且輕易地掌握民眾個資，藉此也可以減少社會案件及增加政府及民間的辦事效率。至於外商並沒有強制要求要申辦 Aadhaar Card，因為申辦的過程需要留下指紋做身分驗證，大部分外商覺得留下指紋有個資外洩之虞，就沒有去申請

Aadhaar Card。但是若有申請 Aadhaar Card，在印度的各邦觀光景點就可以享有和印度人一樣的購票待遇，亦即可以印度人身分買票。

稅卡的功用

稅卡（PAN Card, Permanent Account Number）主要是使用在繳稅上，一般在印度工作的外國人或是合資的外資股東們一定都會有 PAN Card。在 Aadhaar Card 尚未發行前，本地印度人也是都有 PAN Card。

印度陸運／海運／空運的運送方式

一般在做小型貿易時，大都以郵局國際快捷郵件服務（EMS）方式為主，但是，若是用郵局方式寄貨來印度，可能會遇到二種狀況：一是寄來的東西會整箱不見，永遠收不到；第二種狀況是被印度郵局請去「聊一聊」，了解一下寄過來的內容物是什麼。所以在其他國家可行的方式，請不要在印度嘗試，若要寄貨來印度，請規規矩矩透過空運報關。同樣地，寄貨去別國，也需依這裡規定的流程辦理。

在印度要做進出口生意，必須備有十位數的 IEC（進出口代碼，Import-Export

Code），如同台灣的進出口卡號，若沒有 IEC Code 就無法進口貨物至印度國內。若是個人用品要進口至印度，則不需要此代碼，但會需要附上印度本地收貨人的 PAN Card／Adhaar Card 及地址才能寄貨。

如同其他國家，在印度貨運有海運、空運方式。由於不是所有城市都有海港，所以內陸城市的貨物會先送往內陸清關轉運點 ICD（Inland Clearance Depot），像新德里就有三個貨櫃碼頭：ICD Faridabad（新德里F港）、ICD Tuglakabad（新德里T港）和 ICD Patparganj（新德里P港）。大部分的貨物來自那瓦西瓦港（Nhava Sheva，孟買新港）。在統一稅制 GST（Goods and Service Tax，商品服務稅）還沒有執行前，貨物抵達印度的港口後，就要處理頭痛的內陸運輸，如跨邦有著不同大大小小的邦稅、貨物稅和申請各式各樣不同的陸運上的通行證件等等。但在 GST 後和數位印度政策實施後，稅率計算及車輛跨邦申請的通行證件都變得簡單許多。特別提醒，各邦各城各區的六位數 PIN Code（像台灣的郵遞區號）很重要，不論是海運／空運／陸運都需要有完整的 PIN Code 才能送抵目的地或運送出去。

若貨物要以海運方式運抵印度的話，印度目前主要使用的港口如下：

- 坎德拉港（Kandla Port），位於印度西北沿海的卡奇灣東北岸。是六〇年代為減輕孟買港的貨物積壓而新建的分流港，位於古吉拉特邦，是距首都新德里最近的海港。
- 賈瓦哈拉爾尼赫魯港（Jawaharlal Nehru Port），也就是那瓦西瓦港，或稱「孟買新港」位在馬哈拉施特拉邦的新孟買區（Navi Mumbai）。是印度最大的港口，大多數的貨物都會從此港再轉運至其他印度城市。

- 孟買港（Mumbai Port）也稱「孟買舊港」，位在馬哈拉施特拉邦的孟買本島區。
- 清奈港（Chennai Port）原名馬德拉斯港（Madras Port），位在坦米爾納杜邦內，是印度的第二大貨櫃碼頭，僅次於孟買新港，是南印度最大的物流中心，也是孟加拉灣最大的港口。
- 維沙卡派特南港（Visakhapatnam）或稱維沙格港（Vizag Port），位在安得拉邦內，主要運送印度東北部、恰蒂斯加爾邦和奧迪沙邦的貨物。
- 帕拉迪普港（Paradip Port），位於東印度的奧迪沙邦，是一個人工深水港。
- 加爾各答港（Haldia Port／Calcutta port／Kollkata Port），位在西孟加拉邦內的加爾各答，是東印度最大的貨運港。主要運送從澳洲和東南亞過來的貨物。
- 門格洛爾舊港（Old Mangalore Port），位在卡納塔克邦內的港口城市，地處西高止山脈，主要運送喀拉拉邦和卡納塔克邦的貨物。
- 門格洛爾新港（New Mangalore Port 或 Panambur Port），位於卡納塔克邦。門格洛爾新港離舊港不遠，但新港運送的腹地相對較小。主要服務運送喀拉拉邦和卡納塔克邦的貨物。
- 杜蒂戈林（Tuticorin Port）位在坦米爾納杜邦，主要是運送斯里蘭卡及馬爾地夫區的貨物。
- 印諾爾港（Ennore Port 或 Kamarajar Port），位在坦米爾納杜邦，屬私人營業的港口，主要處理煤炭、液化天然氣和集裝箱類的貨物。

- 科欽港（Kochi Port 或 Cochi Port），位於喀拉拉邦，是目前在印度及阿拉伯海域中成長最快的港口，也是印度國際海港貨櫃碼頭轉運中心之一。
- 莫爾穆加奧港或蒙德拉港（Mormugao Port or Mundra Port），位在古吉拉特邦的經濟特區內，由私人企業集團阿達尼負責開發，是印度最大私人營業港口。目前大部分的貨也會由那瓦西瓦港轉至此港後再轉運至其他印度城市。
- 布萊爾港（Port Blair Port），位在安達曼群島和尼科巴群島的中央直轄區首府，亦是東部的深水海港，主要運送孟加拉灣及安達曼群島區域的貨物。

3-5

印度的創業環境②稅務簡化

印度是聯邦制國家，原本各邦稅制都不同，系統也不一樣，還有大大小小不同稅率項目的稅額。若是要把一項貨品運到另一邦，在稅額的計算是相當繁雜的，有時甚至會計師也有可能會漏報了部分的小稅而收到未繳稅的補稅單。

記得在我們公司成立後，每個月為了要報稅，不時地向會計師提列出大大小小的收據及說明，會計師整合後會將明細印出來，再繳到特定收件的中心。比起其他公司，我們公司的報稅算是簡單了。其他台廠甚至還有跨邦稅、運送的邦稅等等，細稅之多，足以磨掉大家的時間與耐性。所以在印度報稅期，就需要多點的耐心。

二〇一七年七月一日起，印度正式啟動了歷經十年討論及規畫的全國統一稅制「GST」（商品和服務稅，Goods and Service Tax）。GST 的意思是把製造、銷售、消費商品及服務的稅金全由國家統一徵收的單一稅制。在GST執行後，各邦不同的稅額項目、類別皆統一在國家的系統內，讓國家的稅務統一在中央。GST簡化了稅務，對剛進來印度經商的外資們而言，更清楚在稅率上的計算方式，也降低了初來印度的困難度。

什麼是IGST／CGST／SGST？

GST系統分成兩大塊，簡單地說就是根據「同一邦」或「不同邦」銷售劃分稅金的徵收。若在同一邦，會收取CGST和SGST；若不在同一邦，則會收取IGST。

GST（Goods and Service Tax, GST）商品和服務稅			
同一邦內銷售（CGST+SGST）		或	不同邦內銷售（IGST）
CGST（Central Goods and Services Tax）印度中央的商品和服務稅	**SGST**（State Goods and Services Tax）印度邦／聯邦政府的商品和服務稅		**IGST**（Intra-State supply of goods or services Tax）印度跨邦銷售商品和服務稅
稅額由中央政府收取	稅額由邦／聯邦政府收取		稅額由邦／聯邦政府收取

GST的目前稅率

GST稅率，分別為五％、一二％、一八％、二八％。其中二八％稅率適用於奢侈品，一些特定商品，如汽車、碳酸飲料、香菸，還需加上補償附加稅（compensation cess）；五％稅率則適用於基本日常用品（common use）；必需品（essential goods）包括食品則為零稅率。以前去麥當勞吃一份套餐，費用是兩百盧比，再外加上二〇％稅，一共是兩百四十盧比；GST實施後，稅率為五％，消費者需要支付的費用是兩百一十盧比，以食品而言確實少了很多支出。

在二〇一九年十二月已提出在二〇二〇年四月調漲部分GST的稅率，例如考慮將五％的稅率調升至六％及八％之間，並廢除一二％的稅項，但因為二〇二〇年三月爆發了疫情，截至二〇二一年四月仍維持稅率不變。二〇二二年七月二十二日第四十七屆GST理事會會議決議，GST仍維持四種稅率（五％、一二％、一八％、二八％），但針對部分產品的GST已有更新（上修及下修）。

以這張發票為例

在這張餐廳帳單上可以看到，不同稅率的CGST及SGST呈現在同一張帳單上。食物類的GST為5％，可以看到CGST 2.5％ + SGST 2.5％＝合計5％；但碳酸飲料類（如可樂Cold drink）的GST為28％（屬於奢侈品類），CGST 14％ +SGST 14％

＝合計28％。

若這張帳單是發貨出去的發票，例如從班加羅爾（卡納塔克邦）要賣到孟買（馬哈拉施特拉邦），屬不同邦，在帳單上就不會看到CGST及SGST呈現，只會看到IGST 28％而已。

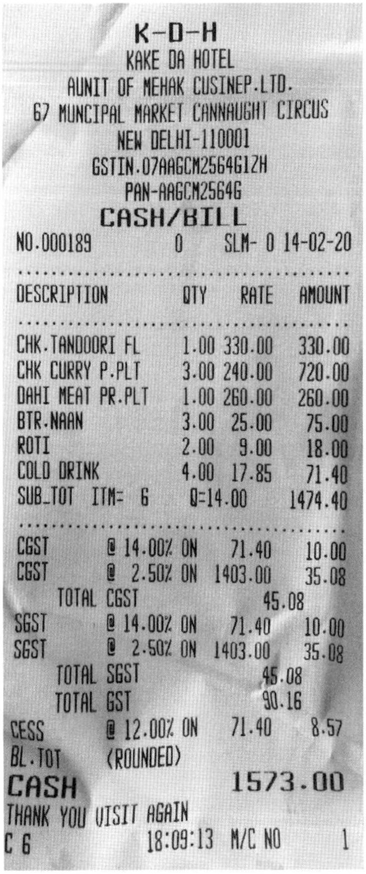
K-D-H
KAKE DA HOTEL
AUNIT OF MEHAK CUSINEP.LTD.
67 MUNCIPAL MARKET CANNAUGHT CIRCUS
NEW DELHI-110001
GSTIN.07AAGCM2564G1ZH
PAN-AAGCM2564G
CASH/BILL
NO.000189 0 SLM- 0 14-02-20

DESCRIPTION	QTY	RATE	AMOUNT
CHK.TANDOORI FL	1.00	330.00	330.00
CHK CURRY P.PLT	3.00	240.00	720.00
DAHI MEAT PR.PLT	1.00	260.00	260.00
BTR.NAAN	3.00	25.00	75.00
ROTI	2.00	9.00	18.00
COLD DRINK	4.00	17.85	71.40
SUB_TOT ITM= 6	Q=14.00		1474.40

CGST	@ 14.00% ON	71.40	10.00
CGST	@ 2.50% ON	1403.00	35.08
TOTAL CGST		45.08	
SGST	@ 14.00% ON	71.40	10.00
SGST	@ 2.50% ON	1403.00	35.08
TOTAL SGST		45.08	
TOTAL GST		90.16	
CESS	@ 12.00% ON	71.40	8.57
BL.TOT	(ROUNDED)		
CASH			1573.00

THANK YOU VISIT AGAIN
C 6 18:09:13 M/C NO 1

找到一個適合的會計師（CA／CS）很重要

來到印度後，很多事都需要會計師協助配合。在印度的會計師有兩類，一是CS（Company Secretary）一是CA（Chartered Accountant），在中文上都是會計師，但是各自的職責及專業度差異卻很大。

CA／CS的職責

CS的職責：CS的專業度和所含蓋的範圍大於CA，對國家而言，CS的工作內容就是在各個政府部門之間建立橋梁，例如公司註冊的政府機構、所得稅主管部門、國家公司法律法庭（National Company Law Tribunal，印度公司法的主管機關）等等。對公司而言，CS是關鍵管理人員，也是公司高階管理層之一，如同一個公司內部的法規官。當一家公司有重大決策前，CS會根據「商業法」和「公司法」提供建議。公司註冊、員工福利、薪資是否符合法律要求、辦公室地址遷移等都是CS的主要工作。

CA的職責：CA是根據公司的財務規畫和稅務事宜向公司提供建議，以合法方式幫公司節稅，並擔任公司的法定和內部審計師。比方說，工廠或公司員工一個月有幾天休息或是加班幾天、是否符合勞工法，是屬於CS的職責範圍；加班後會產生多少稅金、每個月員工所需支付的稅金是多少，則是CA的職責範圍。兩者職務不能互相替代，是平行職位。

簡單來說：

- CA就是負責會計，稅務，審計。（以會計為導向）
- CS就是負責公司法和公司治理。（面向法律，公司的內部律師）

另外提醒一點，在印度要報稅必須透過CA做申報，不可以自行報稅。在印度不論CA／CS，在簽署所有的文件都會附上自己的CA／CS的執業號碼。

好的會計師CA／CS可以幫忙處理好很多事。但如何選擇好的會計師真的會需要運氣了。像不同時期報稅有不同的報稅單、公司有新業務、或是要擴展至國外……這些大大小小的事，都可以由會計師CA／CS協助規畫。公司必須完全向CA／CS坦白，因為若不夠坦白，可能就得不到最有利的建議。

CA／CS的收費

印度的CA／CS收費不像台灣是一次性收取，而是以公司的營業額多少來訂一個粗略的服務費用。除了固定的每個月的TDS（代扣繳稅款，Tax Deducted at Source）及年度的報稅外，若有其他需求，大多是另外收費。若有處理過外資經驗的CA／CS收費自然不低，有經驗者會預先提醒客人們什麼時候要開始準備一系列的法規文件，或者是在報稅前可以提供合法節稅建議，甚至若是母公司不在印度的跨國業務，也可以提供合法且合適的建議及準備「避免被雙重課稅」的相關文件。也有只會處理本地稅務的業務、不會處理外資問題的CA／CS，收費相較有處理外資經驗的要來得便宜，但相對也有風險，很多細節要客戶自行提問，或碰到時再解決。我們公司在十年前剛設立時，就碰到一個會計師CA／CS收費很便宜，但是在事隔幾年後收到被政府要求補稅的單子。

另外，若是公司不再營業，一定要請會計師CA／CS申請「註銷」，而不是擱置不處理，政府一樣會在幾年後要求說明。某家公司在上個會計年度遇到更換會計師的空窗期，前一位會計師忽略了某筆交易未報稅，新會計師在接手時注意到，但已過了申報期，只能等政府通知再補稅。所以，會計師CA／CS有經驗、夠仔細，也可以少掉很多麻煩。

不論有沒有外資經驗，每個CA／CS的處理事情方式及解決方法都不同，可以利用詢問不同的問題，來看此會計師是否可以在印度實際協助公司稅務這塊的業務。所以請不要在第一個時間點就忽視了會計師們的專業能力。

印度的銀行

印度儲備銀行（Reserve Bank of India，簡稱 RBI）即為印度中央銀行，是所有印度銀行的主管機關，根據一九三四年的《印度儲備銀行法案》在一九三五年四月一日成立於孟買。主要工作是管理監督銀行、金融系統的營運和外匯管制和管理。在二〇一六年前還主管了印度的貨幣政策及貨幣的發行，在二〇一六年才交由「貨幣政策委員會」主責。為了推動印度外匯市場的有序發展，在二〇〇〇年七月一日生效的《一九九九年外匯管理法》中修改了外匯管理框架，針對不同類型的交易、風險管理作出了具體規定。RBI 同時也負責對外國公司在印度設立代表處、項目處、合資公司、分公司、獨資公司等進行外匯等方面的審核。

如何選擇印度的銀行？

在印度也有分公銀（國銀）及私銀（民銀）兩種不同銀行，建議可以國銀及民銀並行使用。在印度執行業務時，最好跟本地的銀行配合，雖然本地銀行的缺點是辦事效率差，但是優點是不同城市都有分行（跨邦、跨城免手續費），讓客戶可以很便利地付款（收款方便）、當地定存利率差不多在六％至七％左右、借貸條件可談，最重要的是當有進口貨物抵達印度時，可以在第一時間透過當地銀行繳納相關的清關費用（因為海關都會指定配合的當地銀行託收）。除了直接臨櫃繳納之外，也可以透過網路銀行方式（Netbanking）付款。目前印度銀行大都有提供網路銀行的服務，但若是線上購物、線上繳納水電、線上繳納關稅等，則以 HDFC、ICICI、SBI、AXIS、Kotak、Citibank 最為普遍。

在選擇銀行時，可以由目前公司所處的城市哪家銀行的服務據點最多做粗略的判斷。像 ICICI、HDFC 和 AXIS 三家民營銀行在全國都有較多的服務據點，也可以選擇國營的銀行如 SBI、PNB。若公司位在古吉拉特邦，可以選擇巴羅達銀行（Bank of Baroda，屬當地的古吉拉特邦的公有銀行）和一家私人銀行，如 HDFC 或 ICICI；若公司位在德里或孟買，所有銀行都可以搭配選擇。在班加羅爾有卡納塔克邦銀行有限公司（Karnataka Bank Ltd）及柯達・馬辛德拉銀行（Kotak Mahindra Bank）。

其實這裡也有外資銀行例如 HSBC（匯豐）、Citibank（花旗）、CTBC（中信銀）、Standard Chartered Bank（渣打），但這些外資銀行在 RBI 的管轄下都有一定的限制，如放款限制多、定存利率不如本地銀行優惠、分行也不若當地本地銀行來得多等。像中信銀在印度只有兩家，總行在新德里、分行在清奈，若要做銀行交易得需臨櫃辦理，分行少就不甚方便。但是好處就是公司內部資金調度可以時節省一些時間。特別提醒，若在台灣有 HSBC 的銀行帳號，來印度時必須在印度的 HSBC 開一個新的帳戶。雖說都是 HSBC 同一間銀行，但跨國後則互不相通，這在東協國家如新加坡，也是相同狀況。

以我在二〇二〇年為客戶申請註冊新公司為例，約一個月前就已申請到公司的許可，接著就是等待銀行開戶。客人選擇了外資銀行做第一家開戶銀行，但因為是外資銀行，所以要求的文件也比較多；從一月文件送至銀行審核，期間歷經了新冠肺炎封國期，直至六月初才完成開戶，時間超過三個月。所以建議最好找印度當地的銀行開戶比較方便。另外，因為每家公司屬性、營業別及項目都不同，故每一家銀行要求開戶的文件也相異，通常都會有需要補件的狀況，這點也跟台灣所有文件一次辦好的狀況不同。我建議先在當地銀行開戶，之後若有需要再去外資銀行開戶比較好，本地及外資銀行可並行使用。

匯錢進出印度

印度是外匯管制國家，所以在做進出口的生意時，若要把錢匯出印度，在第一次要辦理時，需要填寫與繳交非常多的文件，重點是，款項一定匯得出去。每家銀行對於匯出的手續費都不同，以電匯（T/T）而言，有些會收取「單筆發票」上金額的大略二%至五%不等的手續費。所以最好在台灣出貨前把分散的發票全部匯整成一張，不然在印度這端匯款時，就必須多付很多不必要的手續費。開立信用狀（L/C）每家銀行的手續費用亦不同。從國外匯錢進印度的時間，每家銀行也不同，但私銀會比公銀快一些，一般是三至十天左右。

若在當地採購時要支付小額現金當訂金，可以用跨國方式提領盧比，每家銀行每天提領金額不同，從五千到三萬盧比不等，跨國提領的銀行手續費也是每家銀行不同，從兩百至五百盧比不等。另外，最重要的是要預先通知台灣的銀行，可能會需要在國外提款機提領當地現金，請台灣銀行開通這個功能（目前在台灣若要在海外提領當地貨幣，仍要事先通知所屬銀行，銀行才會開通這個功能，並且提供另外一個提款密碼以供海外提領使用。台灣的卡片幾乎都有和 PLUS 或是 Cirrus 合作，所以，在印度的 ATM 上若有「PLUS」或「Cirrus」的標誌的，即可提領現金。我之前幾乎都是在外商銀行（如 Citibank 花旗、Standard Chartered Bank 渣打銀行或 HSBC 匯豐銀行）的 ATM 上提領的）。

另外，若持商務簽證來印度，無論是本土銀行或是外資銀皆無法開戶。必須在印度當地設有合法的公司、聯絡處、子公司等等，才能開戶。

印度前十一銀行

目前在印度當地常被使用的銀行如下：

1 SBI（印度國家銀行，State Bank of India），印度的第一大公有銀行。

2 ICICI（印度工業信貸投資銀行，Industrial Credit and Investment Corporation of India），是印度第二大銀行，也是最大的私人銀行。

3 PNB（旁遮普國家銀行，Punjab National Bank），印度的第二大公有銀行。

4 HDFC（住房開發金融公司，Housing Development Finance Corporation Ltd），印度的第二大私人銀行。

5 AXIS（艾克塞斯銀行，AXIS Bank），印度的第三大私人銀行。

6 BoB（巴羅達銀行，Bank Of Baroda），印度的公有銀行。總部在古吉拉特邦的巴羅達。

7 IOB（印度海外銀行 Indian Overseas Bank），印度的公有銀行，總部在清奈。

8 HSBC（香港上海滙豐銀行有限公司 The Hongkong and Shanghai Banking Corporation Limite），印度全國都有分行。

9 Citibank（花旗銀行，Citi Bank），印度全國都有分行。

10 Standard Chartered（渣打集團，Standard Chartered Bank），最早進來印度的外資銀行，全國都有分行。

11 CTBC（中國信託商業銀行，CTBC Financial Holding Co., Ltd），總行在新德里，分行在清奈。

手機支付 BHIM 系統

印度的手機支付 BHIM 系統（Bharat Interface for Money），由印度國家支付公司於二〇一六年推出，是印度國內第一個由政府推廣的行動電子支付錢包。主要是 UPI（Unified Payments Interface）介面，用於手機支付。在二〇二〇年疫情爆發期間，才開始被廣泛使用在印度民間上。此 BHIM 系統主要功能是收款及付款，操作很簡單，只要有印度本地銀行帳號就可使用，每次交易最多不超過二萬盧比。目前廣泛與 PayTm、Google Pay、Amazon Pay 等搭配。

3-6

印度的創業環境③ 優惠與限制

目前印度政府開放外資進來印度，不只是要推動 Make in India（印度製造）的政策，同時也要藉由外資來刺激及加速國內的經濟。雖說如此，初到印度的台灣人確實也仍在觀望印度市場。

以我自己在印度創業的這些年來看，老實說印度真的進步了很多，或許大家猶有疑義，印度真的改變了嗎？

申辦稅卡數位化

在我初進印度時，要申請個人的稅卡（PAN Card），若在此工作的外國人沒有稅卡，就代表沒有繳稅，即是逃漏稅，印度政府查到有漏稅的狀況後會有後續的罰金。

當時還沒有網路 e-PAN Card，要到中德里（Central Delhi）附近的 Barakanba road 的稅卡申請部門，填寫表格、附上相關文件後，需等一個月才會核發。一個月過後，打電話詢問申請櫃檯，經查詢，系統顯示已寄到指定的地點。對方告訴我，可能明後兩天郵差就會送到，請我等一下。這段期間因為怕出門沒人可以代收，我把原先安排的課程都延後。等了一週後，都沒有等到郵差來按鈴。我又打了電話去詢問申請窗口，對方告訴我，系統顯示，郵差在什麼日期什麼時間過去，但我人不在家，所以沒人簽收，這份文件目前仍在我居住的郵局等待認領。郵局就在附近，當天我就親自跑去郵局，也帶齊所有的申請收據及文件，到了郵局，給了追蹤號碼，郵局窗口人員卻跟我說不能領件，原因是「這份文件必須由郵差直接送到表格上的地址，才算完成投遞」。我一聽了，連忙把我所有的文件（申請表格的收據、租屋合約、個人相關文件等）都出示給對方看，但這個窗口人員堅持不給我領件。我也請對方的主管出來，一樣也出示了所有的文件，證明我是申請人，但不給領就是不給領，對方請我「重新再申請一次」並且在我的面前，輸入「這份文件無法投寄完成，已放入退回總行的名單中」。最後，自己很無奈也很生氣地離開郵局。後來，只好再親自跑一次整個流程，並在申請單上附註重複申請的原因（是郵差沒親自投遞而導致我沒有收到個人的稅卡）。如此又過了一個月半才收到個人稅卡。

現在呢？

因為推出了「數位印度」政策，連 PAN Card 的申辦都電子化了，也不用跑櫃檯、不用在家苦等就怕收不到稅卡。只要在申請單填上申請人的 email，就會以電子形式提供 e-PAN Card 給申請者，等待的時間更縮短為二至三週。

填表格要格外留意

我們的員工在申請 e-PAN Card 時，所填的相關訊息因為沒有寫在特定的格子內而遭到退件，必須重新申請。若表格很小，仍必須把字全部塞在表格內，不可以超出表格，這些表格不能用電腦打字完成，都得用手寫。

銀行開戶是件很大又不確定的工程

申請個人銀行戶頭也是幾經波折。拿我自己及公司員工來說好了。在公司尚未跑完整個設立的流程前，詢問了當地的銀行是否可以開個人戶頭，當時行員跟我說只要文件都備齊就可以申請。於是我提供行員要求備妥的文件，同時也把所有的申請表格仔細填寫完成，行員也來到自己的租屋地點做租屋點的確認，在整份文件送出去後，等了一個多月，行員來電表示總行說文件不符合規定，而拒絕了我的申請。再詢問行員細節時，只得到一個答案「就是不符合規定」。後來我再去另一家銀行，流程差不多，在兩個月的等待期後，我終於有銀行帳號了。

另外一個例子是，我們幫公司的員工開設員工薪資帳戶，請自己的銀行來幫忙開戶的服務。原以為這次應該會非常順利，一個月之內就應該可以完成申請，畢竟物換星移，印度已不是我當初剛到的那個印度了。但事與願違。在他填完表格，也把所需文件備妥附上，整份完整的文件送出去後的兩週，我們詢問銀行是否已完成開戶？處理我們公司業務的行員說，因為表格填錯，總行要求補上新表格才能進行下一個流程，隔天行員帶來了新表格，外加要求我們公司附上一張支票做開戶之用。又過了一週，這個行員打來電話說，我們公司開立支票的金額太大，跟總行要求的基本開戶金額不符合，要重新開一張符合開戶金額的支票。就這樣又過了一陣子，員工才順利取得銀行帳號。從申請到拿到帳號，剛剛好，兩個月。

需時時注意政府新法規

由於我的公司設立時間算很早，在當時並沒有要所有的董事都附上電子簽章，由其中一位代表即可，我就請我的印度董事做代表。二〇一八年公司搬家，在申請轉移辦公地點時，才發現政府已要求所有董事都要有電子簽章，否則需繳納罰款及更新電子簽章。印度政府雖然有公告新規定，但是往往都會被緊接而來的其他新規定蓋過。除非像我們剛好要轉址，否則也不會注意。雖然我們公司也有聘請會計師及律師，但往往不及印度政府發布的新法規來得快，所以有時我也會看一下現在是否有公布的新法規及事項。

FRRO 數位化

印度內政部外國人登記事務局（Foreigners Regional Registration Office，簡稱 FRRO），受理的業務都是和簽證相關聯的，比如：護照遺失，裡面的簽證需重新補發；或是已持有簽證但簽證效期已過或要延期；又或是外國人在印度工作或居留超過規定的一百八十天，需要向 FRRO 登記申請合法居留（有點類似台灣的流動戶口登記）。

另外要提醒的是，若今天外國人持有的是工作簽證，在抵達印度十四天內一定要去完成線上 FRRO 登記，不然就會有罰款。目前 FRRO 在全印度有十二個辦公室，這些辦公據點是申辦人收到承辦人員要求你去面談時才需要去的，不然一律都是以電子方式溝通。

疫情時期，許多申請文件更是完全要求以電子版本上傳，若申請人想要直接找承辦人員也找不到。另外，在申請後若需要補其他文件時，也以 Email 做主要連絡方式。

十二個 FRRO 據點如下：

1. FRRO Delhi 德里
011-2671-1384
frrodli@nic.in

2. FRRO Mumbai 孟買
022-2262-0446
022-2262-1167
Helpdesk.mum-ivfrt@gov.in

3. FRRO Chennai 清奈
044-2825-1721
chiochn@nic.in

4. FRRO Bengaluru 班加羅爾
080-2221-8183
frroblr.feedback@nic.in
frroblr-ka@nic.in

5. FRRO Ahmedabad 亞美達巴德
079-2630-6606
affro-boi-ahd@nic.in

6. FRRO Amritsar 阿姆利則
0183-2500-464
frroasr@nic.in

7. FRRO Hyderabad 海德拉巴
040-2988-0374
040-2988-0375
frrohyd@nic.in

8. FRRO Kolkata 加爾各答
033-2281-8640
frrokol@nic.in

9. FRRO Lucknow 勒克瑙
0552-2432-431
frrolko@nic.in

10. FRRO Trivandrum / Thiruvananthapuram 特拉凡德倫
0471-2333-515
0471-2573-512
frrotvm@nic.in

11. FRRO Kozhikode (Calicut) 科澤科德
0495-2323-550
frro-clt@nic.in

12. FRRO Cochin 科欽
0484-2611-652
frro.cochin@nic.in

在剛進入印度的前幾年，我在古爾岡太陽城（Suncity）五十四區（sector 54）租了一個房間，當時需要做流動戶口的登記，資訊有限的情況下，誤以為要去德里登記，就跑去了德里，結果等了一陣子後，官員告訴我，我的租房地在古爾岡，不屬於德里，而是哈里亞納邦，所以必須要回到古爾岡辦理，德里不受理。還好問了官員在古爾岡的受理點後，隔天再至該處辦理。所幸當時住在古爾岡的外國人不多，所以等待期間也很短，順利註冊完成。

在二〇一五年印度政府提出「數位印度」政策後，目前FRRO的註冊已方便許多。以前在印外國人一聽要去FRRO登記，就很痛苦，因為文件繁多且耗時，也要事先申請面談，收到申請核可後，再去申辦處等候面談，這些複雜的流程通常要一週以上才能完成登記。但現在只要上網直接鍵入相關資料，也不需要先去各地的FRRO排隊等候，大約一個月就可以順利拿到e-FRRO的文件了。

何時需要登記 FRRO？

若持有工作簽證（Employee Visa）的外國人在入境印度的十四天內，或持有商務簽證在印度待超過一百八十天（從一月一日至十二月三十一日的週期，而非照著會計年度走的計算方式）的商務人士，都需要在十四天內把相關文件備妥且上傳到 FRRO 的網站，從而取得申請碼。在文件開始審理時，在同一時間會以手機簡訊及 email 通知申請人，若不需要再補其他文件，也是透過 email 核發 e-FFRO 的證明；倘若需要補文件，則會收到系統通知或甚至經辦的官員親自打電話通知。若需要面談，亦由 email、簡訊或官員親自通知需面談日期及地點。現在已全面電子化，相較於之前的流程及時間，真的太方便了。

若簽證快到期，想要在印度直接延簽，可能會需要一個月左右的時間才完成，但也有可能一週就下來了，完全取決於經手的官員對於手中文件的判定。

若在線上申請，但沒有給任何理由，系統會直接顯示「The Case is closed」，那麼就可以把這個畫面印出來，親自到德里的 FRRO 尋求協助。通常案件審理結果，在系統上都會註明原因。曾有台商未滿一百八十天而先去線上申請，就被系統告知「未滿一百八十天不需要申請登記」。但若是沒有註明原因，就真的要親自跑一趟 FRRO 了。

之前一些朋友們簽證快到期，在線上申請延簽，都有各自不同結果：

我曾忙到忘了簽證快到期，發現時已剩不到三個星期，急急忙忙線上申請延簽，隔天就收到「文件正在審核中」的訊息，但等了兩週後仍沒等到延簽許可，便直接去 FRRO 辦公室，當場的協助人員原本拒絕讓我進入，但後來我說明原因後，他詢問我申請號碼，沒多久要我去指定的面試房間等候，這位官員問了一些問題後，就跟我說沒問題，明天就可以拿到延簽文件。我後來也確實拿到了。

有位朋友一樣是需要延簽，也上網申請了延簽居留，因為時間的壓力，最後也跑了一趟FRRO辦公室，但結果與我完全不同。對方請她直接回家等信，或者就先離境，最後這位朋友怕等不到信而被掛上「逾期居留」的污名，決定還是回台辦理新簽證了。

另一位朋友也是簽證快到期了，在e-FRRO線上提出了延簽申請，也收到FRRO的email要求提供額外文件，但怕文件往來誤了時間，便親自去FRRO辦公室。他在FRRO舊網站想要預約「面談申請」（appointment），結果一直被導回新的網站首頁，而無法申請成功。最後這位朋友也決定回台辦新簽證比較保險。

還有一位朋友，有一天突然發現他的FRRO文件上載有「需在兩週前提出新的延簽申請」，當時距離他的工作簽證到期只有十天不到，心裡超緊張，所以迅速地把所有所需文件備好，也直接上網申請延簽，結果，不到五天他的延簽便順利申請完成，在申請完成那天他還打電話請我確認他的新FRRO上面的延簽日期是真的，還是他眼花？

另外，若在申請FRRO的過程中需要返台或離境，這時海關又會是另外一個挑戰了。若是有申請FRRO的人，請記得這份e-FRRO要「印出來」隨身帶著，若沒有「印出來」，過海關要出境時可能會不給出境。

有一位朋友他的FRRO文件正在審核中時，因公務必須飛去泰國三天。結果他在出境時被海關攔下來，縱使他已出示「申請FRRO的申請號碼及FRRO文件正在審核中」的簡訊給海關，但海關就是不讓他出境，一定要有「FRRO 允許文件」才能出境，後來這位朋友就只好取消他的公務行。

另外一位朋友遇到一樣的狀況（即文件正在審核中），但他出示了「申請 FRRO 的申請號碼及 FRRO 文件正在審核中」的簡訊給海關，海關就讓他出境，只是請這位朋友出示回程日期（五天後），並提醒下次要提早申請 FRRO。

以上再次提醒，若需要 FRRO 的申請，請一定要提早申請。e-FRRO 強調的就是「全面電子化」（無需親臨、無現金及無紙〔Faceless、Cashless and Paperless〕），包含逾期的罰金都是透過線上刷卡方式完成，不收現金。

設立公司的限制

在印度的前幾年，光是中文補習業可否在自宅區設立，就到處問得我頭昏腦脹。以前的規定是若設立的行業是個人家教、個人事務所、托嬰中心（人數在五人以下）、幼兒園（三歲以下，人數為五至八人以下）可以允許在住宅區合法設立，其他行業則必須在商業區設立。但隨著很多人誤用這個法規，在住宅區設立公司並營業後，在七、八年前，德里政府就有一次大規模動作，把在住宅區的美容中心、語文補習班、小型貿易公司等完全鏟除。同時，避免這些違反規定的公司再違法回到住宅區，印度政府不定時會有相關人員走訪住宅區去做各個個人中心的查驗。

我們公司在二〇一八年底幫台灣一家公司做印度公司新設立及登記的服務時，發現之前允許「小型商務中心可暫時提供地址的登記」的相關條文已明文禁止了。意思就是如果今天要設立公司，那麼新公司必須登記在「合法的商業區」下並進行合法的商業行為，同時，也規定不可以「一個住址」提供給不同公司進行登記註冊。我們公司的樓下就是一家ITes（提供資訊服務的公司），但是，他們的辦公室門上貼著五個不同的公司名稱，也幾乎沒開門營業。就在二〇一九年九月時的某天，一些政府官員來詢問我們樓下的那間辦公狀況，如每天開門時間等等問題，我們照實回答。之後才知對方是以一個地址做五個公司的登記，這些都是不合法的，既然中央已開始規範，相信其他城市也會跟進。簡而言之，若有商業行為就必須在商業區，不像台灣可以借用會計師公司地做地址的登記。

目前印度政府對於外資的規範及設立公司的流程，已經比以前好很多且透明很多了。以前各邦各自收稅，但在二〇一七年七月一日起，印度全國統一稅制GST（商品服務稅〔Goods and Service Tax〕）正式實施後，相較以前方便了許多。因為全面電子化及GST的政策，目前要在印度設立公司，不限定只能在所選的特定城市才能申請，只要在印度就可以全區申請。不像以前，若公司在德里註冊完成，要移去孟買，就得在孟買去設立另外一個新的公司，完全無法跨邦別，非常麻煩。

另外，以前每個月公司都會要繳交的TDS（代扣繳稅款，Tax Deducted at Source），都必須讓會計師先於月初先算好，然後再去指定的服務公司把TDS費用以現金繳清。現在則完全電子化，可以直接透過銀行線上繳費，方便許多。

第 04 章

台灣人到印度做哪些行業？

4-1

製造業在印度前景看好

後疫情時代，產業各種大洗牌。許多外資陸續從中國撤出，轉移至其他國家如東協及印度等。尤其是印度各邦政府更趁勢推出各種優惠利多條件吸引外資進來投資印度，借此機會印度也想要取代中國在世界工廠的地位，畢竟，挾著印度原本就有的人口紅利，印度的前景確實非常看好。印度不論在科技、製藥、電子商務、農業及製造業等關鍵領域上必能創造非常意想不到的驚奇。從二〇二二到二〇三二年這十年間，將是印度的黃金十年。

前幾年有一位 LED 燈的台商製造商來印度拜訪我，他在中國經營得有聲有色，想要把他的 LED 產品賣來印度，所以我幫他安排與德里當地的印度商會碰面，尋求和當地小廠合作的機會。剛好當地台資公司有 LED 採購的需求，就同時安排與其會面。對方洽詢的窗口是印度人，他們倆稍稍談了一下，這位台商判斷在印度無法賣 LED 燈，因為一個印度製品比台製品便宜了兩盧比，也就是說在印度平均一個 LED 燈利潤才〇．五盧比，這價錢根本划不來。還有另一位貿易商，幾經分析討論後，發現他若要進來印度市場，光是稅金就已經把利潤吃掉了，如何談得上賺錢？後來陸續有台商來印度觀察市場，但絕大多數在第一步就因為無利潤、沒賺頭而放棄。

該如何打進印度市場？

在此要特別強調，無論你在台灣看再多海外的市場分析及報告，都遠不及親自來印度一探究竟。

印度是一個以「家庭消費」為中心的國家，不像大多數其他國家是以「個人消費」為主，所以在購買和使用產品幾乎都會詢問家人的意見。除此之外，價格也是一個非常重要的因素。當地人都喜歡「俗擱大碗」的產品，買任何商品都討價還價，每一分錢都會跟你斤斤計較。

透過上面 LED 台商和貿易商這兩個例子來分享一下我的看法：

以第一個例子來說，〇．五盧比的利潤台商還是有機會賺錢。為何我會這麼說？因為，你的產品是新產品，在印度還沒有知名度，要如何說服印度消費者來買？雖說大家都說自家的產品有多好，但這些話在印度消費者聽來，就像是印度的騙術一樣，若沒有親身使用或是經別人推薦，印度的消費者是不會對新產品或新品牌買單的。

再者，若你的公司不像VIVO、OPPO這些公司在初來印度時，持續兩年重金在報紙等媒體上砸錢買廣告、地鐵站內買廣告看版、寶萊塢電影明星們不間斷地為其品牌代言，印度消費者怎麼會輕言買單呢？此時不妨換個想法，把這〇．五盧比的利潤當作廣告投資，為自己的品牌做宣傳，或是當作找尋當地適合的通路經銷的成本。在本地找到適合的通路會需要花一點時間，但無論如何，你必須藉由當地的合作公司幫你打進印度市場，因為再怎麼說，還是當地人最了解當地人的消費習慣及模式。以德里而言，以保守估計五十萬個產品的需求（至二〇二二年德里NCR人口數已為三千二百萬，較二〇二一年增長將近百分之三），營收總計兩百五十萬盧比（約合台幣一百萬元），在找到經銷通路後，透過現有經銷系統銷售，薄利多銷，最終還是會獲利的。

第二個貿易商的例子，在二〇二〇年三月新冠肺炎爆發後，整體市場確實影響很多，但全世界貿易商都一樣。雖然經銷管道少很多、獲利會大幅降低，但是，如同我之前提到的「印度人喜歡舶來品」的特質，經濟再怎麼不好，仍看你怎麼去賣。這裡的人口基數還是個相當吸引人的紅利。

台廠在印度發展的潛力產業

食品製造業是除了電子相關產品外，另外一個具有潛力可來印度發展的產業。台灣早期「以農立國」，養成了成熟的食品製造業。印度也一樣，除了科技業外，印度也是農業大國，若進軍印度，不只可以善用當地豐富的農產品，還可以結合台灣傳統產業的強項，例如台灣有能力自行研發及改良製程、改良當地生產方式、台灣小而美的工具機……等，結合當地農產品做小部分的轉型及微調，或許很快就可以看到不錯的成績。

在這裡若要從事食品加工／食品製造業，需要先親自前來探查工廠的地點、當地的作業員好找嗎、當地的水質如何、包材是否已通過耐熱（六十至七十度）測試、當地倉儲物流如何運送、現存的各式各樣管線（水管、電線、網路等等）是否可用？

若你的公司規模夠大，可以直接透過印度官方的 Invest India 研究相關情報，或是直接與邦政府接洽購買土地及討論相關稅金優惠等。

印度製造新希望

每次有代表團來印度，或是我剛好回台參加關於印度的會議，都會看到一雙雙「對印度充滿著新希望」的眼睛，大家都對印度市場很感興趣。之前也曾收到來自西雅圖的信，寫著對於神祕的印度有著莫大的興趣，迫不及待想來印度看看。我最常碰到的一個問題就是：印度缺什麼？我每次回答都是：什麼都缺，就是不缺人。

確實，擁有超過十四億人口的印度，當然不缺人。印度占地利之便，除了廣大的內需市場之外，產品亦出口至全世界。此外，印度為了要保護當地產業、創造就業機會，莫迪總理於二〇一四年提出印度製造，只要是在印度設廠的製造業都會有一定的優惠措施。若設在經濟特區（Special Economic Zones, SEZ）會有更多特殊的優惠。

另外，針對電子製造業及相關電子元件及半導體，印度政府國家電子政策（National Policy on Electronics, NPE）亦在二〇二〇至二〇二一年分別推出三個計畫：

- **PLI 計畫**：電子業生產相關獎勵計畫 PLI（Production Linked Incentive Scheme），包含兩大部分：大規模的電子製造業及針對ＩＴ的硬體製造業。大規模的電子製造業，目的是促進及增加外資投資於在印度國內電子製造業上（特別是在手機、電子元件及 ATMP 裝置上），此計畫已停止申請。另一部分是針對ＩＴ的硬體製造業計畫，目的是增加及吸引外資投資於印度國內電子製造業上。
- **SPECS 計畫**：電子元件和半導體製造促進計畫（Scheme for Promotion of Manufacturing of Components and Semiconductors），目的是加強並增加印度國內的電子元件和半導體供應鏈的生產制造及促進就業機會。
- **EMC2.0 計畫**：電子製造業聚落計畫（Electronics Manufacturing Cluster Scheme），目的是加強印度國內電子業的基礎設施及發展相關的供應鏈。

另外，除了電子產業外，在二〇二一年印度政府亦推出了其他產業的 PLI 獎勵優惠計畫，如汽車零組件 Auto Components、汽車 Automobile、無人機及相關零組件－航空 Aviation、先進化學電池技術（亦含電動車使用），以及相關製造化學品 Chemicals、電子產業 Electronic Systems、醫療器材及設備 Medical Devices、金屬（特殊鋼品）與礦業 Metals & Mining（已截止申請）、製藥業 Pharmaceuticals、再生能源（太陽能光電部分）Renewable Energy、電信產業（電信與網通產品）Telecom（已截止申請）、紡織業 Textiles & Apparel 和家電產業（冷氣與 LED 照明）White Goods 等。

經濟特區（SEZ）的優惠措施

在 SEZ 設廠的優惠措施，曾經實施免稅優惠，除了進口時免關稅、免貨物商品稅，還有五年免所得稅優惠。不過二〇二〇年六月，這個 SEZ 的優惠已落幕，即若是在二〇二〇年九月三十日後才在此特區下開始營運的公司，則無法享用之前的免稅優惠。

印度政府雖停止了這 SEZ 的免稅優惠計畫，但以「保稅製造」（Bonded Manufacturing）做為 SEZ 的另外替代方案。此「保稅製造」的概念有點像保稅倉或保稅區的方式，即在此保稅工廠內的製造設備、相關的進口原料和貨物都可暫時先免徵進口關稅。

再說明細一點就是當你的原料或貨物進口到印度此保稅工廠，可以先不用繳納進口關稅。若你的原料或貨物打算加工後再出口，這些進口關稅就免被徵收；若你的原料或貨物是打算在加工後要在印度國內市場販售，針對這個進口原物料或貨物才會被徵收進口的關稅（意思是延後徵收進口關稅）。這個保稅製造的工廠需申請，經海關查驗核准並得到許可後才能營運。

後疫情的投資機會

前幾年推行的印度製造政策，已吸引到一些外商前來印度投資。莫迪總理在二〇二〇年五月更公開提出一項二十兆盧比（約新台幣近八兆元）的「印度自力更生」特別經濟計畫，要完全不仰賴進口貨品，全力推行印度製造的各項行業，讓印度自給自足。

二〇二〇年三月爆發新型冠狀肺炎疫情後，在二〇二〇年四月統計，全印度國內失業率已達二七．一%，創歷史新高紀錄。然而，我卻認為這次的疫情似乎是進來印度的最佳時機。或許有些人並不認同我的想法，但因為這次疫情的關係，導致很多外資廠商把生產基地從中國轉移至其他國家，或轉回本國生產。印度莫迪政府也更在此時大力釋出多項利多條件吸引外資，如印度政府已在全印撥出約四六．一萬公頃土地，以吸引並安置從中國撤離的外國企業。所撥出的土地總規模約為盧森堡國土面積的兩倍，其中包括位於古吉拉特邦、馬哈拉施特拉邦、坦米爾納杜邦、安得拉邦等地約十一．五萬公頃工業用地。以上都是現在非常好的進來印度的時間契機。

除了新用地之外，也因疫情關係，此時有很多小型的當地工廠找尋新買家，剛好可以轉移給新來印度者接手。在買二手工廠時，最重要的是請自己的會計師查詢此舊工廠有否未繳之稅單、罰單等其他相關文件，還有水電方面的問題等。（水電的問題，若是在非工業區內，可以直接詢問附近廠家狀況；若是在工業區內，則可直接找管理單位。）

對於身在已開發國家的我們來說，「印度」是一個永遠都是開N個外掛的國度，永遠都會有驚奇等著大家。就看你敢不敢來闖看看。

印度的台商分布

目前台商已有約百家企業前進印度，以下列出全印台商大致分布。

- **北印度：**兆勤科技、台達電子、台橡、華航、勝利體育、信通交通、誠泰工業、中鼎工程、聯發科、唐運機械、中國信託銀行、漢你中文、台達電、泰昌電機、樂榮工業、特力集團、光寶科、太思科技、中菲行、中橡、台灣中油、博百科、MSI微星科技、中央社、隆寶贊、佩格斯技術、貓點子創意、聖元精密、亞州光電、明碁電腦、宏達電、揚智科技、優派、愛立爾、華偉實業、梵天旅遊、荃瑞企業、Gogoro、創奕能源科技、Intai Lifesciences、皇尚企業、Digital Doctor、輝創電子、盛泰光電、智易科技、外貿協會新德里、Bookvista 書商、南寶樹脂、Companion管理顧問、旌陽集團、連銘科技等。

- **西印度：**友訊、華碩、陽明海運、萬海航運、長榮海運、威剛科技、長興化工、中貿國際、中鋼、正新輪胎、盟立、富強鑫、南六、保來德、台灣優力、復盛、瑞智精密、FUMO CHEM、中橡、全興飼料、農友種苗、外貿協會孟買等。
- **東印度：**康陽輔具、外貿協會加爾各答等。
- **南印度：**台達電、定揚科技、富智康、美達工業、萬邦鞋業、豐泰、南寶樹酯、統一、英業達、四零四科技、宇瞻科技、緯創資通、台北市電腦工會、聯發科、中菲行、富士康、邦揚國際、宜大科技、世正開發、固緯、台表科、森永機械、傳典、漢鐘精機、岱暉、樂斯科、宏碁、正崴精密、臻鼎、專順電機、偉光國際、MoneyBack365、和碩、外貿協會清奈等。

4-2

旅遊業自然資源是新契機

由於新冠肺炎疫情，全球包含印度的旅遊業瞬間被強迫按下了停止鍵。但相信在不久的未來會重新啟動（印度已於二〇二一年十一月十五日起全面開放邊境）。印度的觀光業軟硬體仍未到位，所以運作方式和其他國家不同。主要原因有三：一、印度國內的旅遊人口大於出國的人；二、配合的飯店、車輛、司機、導遊等充滿變數；三、交通移動時間難以估算。

國內旅遊人口大於出國的人

印度國內天然觀光資源很豐富，在新冠肺炎爆發前，印度人國內旅遊的比例比出國人口來得高，二〇一九年十二月印度觀光局的資料顯示，印度國內旅遊人口一八·五五億人，年成長率十一·九%，相較之下，印度出國人口數才兩千六百萬，年成長率九·八%。

印度國內旅遊以商務客及「全家出遊」

為主，年輕人同儕出遊居次。所以在入住飯店時，常常可以看到 double room（一張大床）而較少有 twin room（兩張小床）。跟全世界觀光客一樣，印度觀光客除了遊覽風景遊樂區外，當地的美食、紀念品也是必定採買及品嘗的。若到著名的觀光景點區，最後一定會繞到「紀念品區」大肆採購。

後疫情時間（約二〇二一年七月後），印度國境尚未開放時，印度國內旅遊已大幅成長，截至目前為止，印度國內旅遊的觀光客仍占多數。

硬體及軟體尚未齊全

雖有豐富的觀光資源，但是，印度在旅遊服務業的人員服務標準及飯店、旅遊區的相關硬體設備上，仍無法比得上台灣或其他國家。

觀光車輛很多，但司機品質參差不齊

在印度觀光車輛的司機不像其他國家可以兼任導遊。一般正規有牌照的旅行社，觀光導覽就會讓有牌的導遊去執行，司機就是單純地開車。此外由於大部分司機的教育程度較低，也不太會說英文，只能用當地的語言溝通。有些司機經常戴國際觀光客走訪許多觀光景點，所以大略知道國際觀光客的要求，也知道道路狀況，會盡可能在表定時間內抵達目的地；但有些司機可能剛入行，不知觀光客要求的品質（如準時抵達不可遲到）及不太熟悉路況等，

也因此司機品質良莠不齊。司機除了領底薪外，其他收入來源就是客人小費與購物時店家分給司機的小禮物（當作回饋的方式）。

印度觀光車輛的種類很多，不像台灣大略是以幾人座而分。這裡的觀光巴士從九人座到四十二人座都有，也有分上下層的臥舖車種及座椅車種，三十二至四十二人座的車輛又再細分了 Benz、Volvo、TATA 等不同等級，這些車輛等級也會影響到整個旅遊行程的費用。

五星級飯店掛保證，但本土型飯店有落差

飯店從西式五星級連鎖飯店、印式五星國際型古蹟飯店，到印度本土的民宿都有。印度的國際型五星級以上的飯店如 The Oberoi group、Taj Hotels、The Imperial hotel、Sheraton、Hilton、ITC Hotels 都非常有特色。像 Oberoi group 在齋浦爾就是一個小型的度假村（曾接待台灣的官員）。

頂級五星級飯店的客房及人員的服務品質是掛保證的。印度式的古蹟飯店在每一邦都有，大部分的城堡飯店都是歷史遺跡改建而成，裡面有著之前各王朝留下來的裝飾、雕刻等藝術品，且大都集中在拉賈斯坦邦（Rajasthan）內。若有足夠預算，一生中一定要來住看看這些五星頂級的城堡飯店。

除了上述五星國際級飯店受到本地上流人士的喜歡，當然也受到觀光客的喜愛。另外也有一些有特色的民宿。綜合而言，除五星國際型或四星國際型飯店外，本土型的飯店在房間的整潔上會與我們所預期的落差更大，這也是讓觀光客們詬病之處。

淡旺季飯店房價價差大

至於飯店房價，在台灣旺季是寒、暑假，但在印度九月、十月後至隔年三月才是大旺季。此時印度人經常舉辦宴會，所以詢價時通常都必須提供預定入住的日期，若沒有確認入住日，價差有可能差到兩、三倍。例如，若選九月二十日入住房價為一晚一萬二盧比，屬正常房價；若選在隔天二十一日入住，但剛好當天飯店舉行婚宴或是國際會議，房價就可能會調漲（一萬二有可能漲到一萬六盧比）。我自己在前幾年剛經營旅行社業務時，也曾因這入住日期不同導致飯店費用不同的情況，而被來自台灣的觀光客用錢污辱（把要交給我的餘款，撤在地上）的事呢。遇到這種事還真是無奈。

另外，房間內部的空間愈大，房價也愈高，只有國際型的飯店會提供 twin room，若是印度本土的三星級飯店業者，一般是 double room，因為可以省一些空間，再多隔出一間房間。若要求兩張小床，通常會以一張大床再加上一張床墊充當 twin room。

旅遊從業人員會私下接單

從事旅行業這麼久，削價競爭是一定的。所以在有限的利潤下，想獲得一定的服務品質在印度當地是很難達到的。在這裡若是個體戶，幾乎都是只做一次生意後，第二次就會被人搶單，甚至自己的員工、司機會私下接單，導致公司虧損。

例如：某家國際旅遊業者經營印度國旅、inbound、outbound 的業務，德里員工人數差不多兩千人，約在二〇一九年十月驚傳關閉。經了解才知是內部的員工屢屢私下接單，導致公司長期虧損，後來老闆直接結束公司。

我們公司長期配合的車行也發生相同的狀況。車行的一名司機是老闆的表弟，這位司機很常接待我們的客戶，也因為知道他是老闆的親戚，所以我們覺得他可以幫老闆決定接單。有一次他說他表哥因住院回家休息，這段時間就由他代表處理所有的單子，然後提供我們公司另一個銀行帳號。我們不疑有他，就將公司單子直接給他，費用也直接匯到他提供的帳號。過了三個月，某天車行的老闆打來問為什麼這三個月都沒有看到我們家的訂車單，我們提及上述情形後，他才驚覺是表弟私下接單，搶了他的生意。

道路行車時間是變數

印度的道路品質不一，所以突發狀況會較多。

像國道（Indian National Highway System，簡稱ＮＨ）上舉凡人力車、馬車、駱駝等依舊可以行駛或行走。我舉幾個例：從德里印度門到齋浦爾的風之宮（Hawa Mahal）距離只有二五六公里，依照 Google map 上顯示，只需約四小時左右就可以到達，但實際上這段路卻常花費六、七小時才到得了，那是因為道路上能實際行走的時速遠低於預期。再比如，從德里機場至瑪尼撒爾（Manesar）工業區，依照 Google map 顯示三十五公里的距離只要四十分鐘即可到達，但實際上因為會經過一些工業區，有著大大小小的卡車，路旁的工人甚至會徒步從左跨過國道八號到對面的另外一區，所以至少要花兩小時才到得了。又或者，依照Google map顯示從德里開車至赫爾德瓦爾是二一〇公里，大約四個半小時即可到達，但因為快接近赫爾德瓦爾郊區時，車道一瞬間從六線道縮短成為兩線道，外加朝聖的觀光客及聖牛們通常都會占據車道，所以這段路也常需要將近六個半小時才能抵達。這些道路上的變化是Google map無法估測出的。

除此之外，道路中途的停靠休息站其實都不像台灣、歐洲或其他國家那般豪華舒適，這裡的休息站通常都十分簡單，僅提供基本款的食物及廁所，在站內的食物也比較貴。當點對點的拉車距離長，能造訪的景點便相當有限，確實是旅遊業者的一個大挑戰。

山林自然產業是潛力股

印度山林之多，像在喜馬偕爾邦、北阿坎德邦（Uttarakhand）、喀什米爾山谷、錫金邦、大吉嶺和西高止山區有很多地方適合戶外露營及健行登山。

每次出城踩線是我最開心的時刻。但是印度的露營及健行風氣不像台灣及歐美那麼普遍。原因是有很多私人領地（山林中自用土地的比率不少），也不是每一個人都會維護環境整潔（像一些基本原則如不亂丟垃圾、保持森林乾淨，目前在印度就很難達到），很難規畫出如同尼泊爾以登山健行模式吸引國際登山客的觀光產業。

在大都會區的印度人生活比較高壓，較少登山健行，大部分人若有假期，不是待在家中，就是只找比較近的觀光點出去走走（因為長途車程對他們來說是浪費休息時間）。

若真有時間去山林健行，大部分印度人還是穿著平底鞋或運動鞋，因為整套戶外用品的設備昂貴，又不易購買，也阻礙了這個自然產業的發展。之前我去錫金踩線時，登山鞋壞了，想要在德里市區買，卻完全找不到（連男性的登山鞋也沒有），想說錫金畢竟是山城，當地應該會有，結果到了錫金後，花了一點時間尋找，都沒有找到登山鞋，最後只能穿著運動鞋走訪山林。

自然森林休閒產業目前在印度比較不受重視，也仍待開發，或許印度人的生活型態尚未擴及到這個領域，也或許哪天可透過如同目前台灣盛行的外國網紅、網美一樣，經由外國人的鏡頭來挖掘連印度人都不知道的祕境與山林之美吧。

無論如何，印度旅遊產業待這波疫情過後，仍可看到一些新契機。

後疫情時代，目前在印度大城都可以看到迪卡儂的旗艦店坐落在各個主要的 shopping mall 內，和台灣一樣販售著各式各樣的運動休閒用品及戶外用品。也因為這兩年疫情關係，印度人也比較喜歡走向戶外及山林。

4-3

華語教學開發新市場不容易

呼應莫迪政府在二〇一五年提出的「技能印度」的政策，我們語言中心持續教印度學生學習中文。

在修完一定的課程後，若是家族事業的老闆或第二代，就會直接運用中文去找到更多供應商；若是沒有家族事業，就會投入就業市場，大部分學生去科技業，也有一些學生到了組裝工廠當翻譯，還有一些學生投入服務業（如飯店、旅行社等）。這些學生在累積一定的產業經驗後，就會跳槽至不同的產業別，以持續增進自己的中文技能。

但在印度經營語言機構或是任何教育機構，所花費的時間會比在其他國家來得久，就像永無止盡的繞圈子，走不到一個正確出口，且經濟效益不大。

為何我要這樣說呢？

技能印度政策

二〇一五年的「技能印度」是推動「印度製造」、「數位印度」及「智慧都市」配套政策。印度未來十五年內將有三．六五億人口投入就業市場，提供高技術水準勞工是印度經濟成長與社會穩定發展關鍵。此政策目標為提升勞動素質及平衡城鄉人力資源，並發展成全球人資中心。

「教育」不是「教育」，而是「生意」

在我的語言中心，時常會遇到學生要求學費打折的情形；也經常碰到學了一半，因為學生自己的問題（像沒有複習、沒有做作業，導致跟不上課程）而要求退費的狀況；我也碰到過學生遇到考試不來考，但在結業時硬要求你給出漂亮過關的成績等，有很多無法想像的狀況在此都有可能出現。

我們語言中心為了增加印度學生的就業率，在二〇一八年便開始了為期一年的短期密集課程，希望藉此訓練印度學生獲取「聽說讀寫四項全能」的中文語言能力。這個一年課程的學費比平常的會話班來得貴一些，我們為了減輕學生的負擔，也開始讓學生們分期付款繳納學費。沒想到這份好意，卻讓我們在催繳學生學費過程常常碰到很多火爆的場面。

例如，辦公室職員不斷發出催繳通知，催繳不成，請他們不要進教室上課，結果這些學生竟對職員惡言相向。他們一點也不認為遲繳費用是錯的，當下一直跳針，說不准他們進教室上課，就是剝奪他們上課的權利。我們曾經碰到有學生學費欠了五十盧比（約合新台幣二十元），職員催了很久，結果學生氣憤地說為什麼要跟她計較這五十盧比，「連賣水果的都會減價了，何況是這個區區五十盧比的學費！」當下聽到真的傻眼。原來「教育」跟「賣水果」是同一回事？

在印度只要是關於「教育」的課程，學生會當成一項生意來買賣。當學生買下課程時，就會以「消費者」的高姿態來和我們「要求」談判。若無法順他意，就來大吵大鬧，跟在台灣很不一樣。在台灣無論什麼事，都是講合理性及道理，例如跟櫃檯洽詢課程後，費用問好了就付學費，按照規矩走；但在印度卻不是如此，這裡每個人都像大爺一樣，欠錢是理所當然，能多撿一些免費的就盡量多撿一些，能喊價就喊價，不合理的要求在我們這裡就可以看到很多。

又比方說，有一次有位學生家長，突然衝進我們辦公室質問為什麼不讓他的小孩進教室上課？其實是因為他還沒有繳學費。沒有繳學費，當然不允許學生進教室上課（我認為這是全球的通則），這位家長說他當場開支票，但我們中心除了支票外，其他都收（因為之前被跳票跳到怕了，所以不敢收）。結果，這位家長又跳腳了，信誓旦旦說他是一個生意人，怎麼可能跳票。我們員工也很委婉告訴他，之前跳票的人幾乎都是生意人。後來這位家長就從手機的網路銀行把學費付了，便悻悻然走掉。

證書可用買的？

在很早之前，我們不時會接到電話，說要直接付錢買我們的結業證書，對方說他不要上課，但只要買結業證書，辦公室人員當然直接拒絕了這些非正規的要求。其實在印度的非一二線大城市，付錢買證書或找槍手代考是很常見的，而這些代考的證書喊價從五百至兩千盧比都有，也因此我們機構在聘雇當地人時，都會直接請來面試，證書僅供參考。

學生調課、考試狀況特別多

學生也有很多花樣。比方說像這次的疫情時期，我們轉為線上授課，有一個學生說她不能配合原訂上課的時間，要求調整時間，中心同意她，這次若不能上課，可以等下次其他班級開課。結果在開課時，她還是出現在原本的線上課程，而且持續上著兩堂課的線上課程。另外一個學生原來上週二的課，上了兩週後以週二公司有業務為由，要求大家配合他調課到週五，結果看了一下他上課的狀況，週二都有來上課，反倒是週三沒有來，最後，中心仍維持原上課時間，即使每天都收到學生來問可不可以調課的訊息，但中心就沒有再回應過。這樣看來，在印度不能太認真聽從學生提出的調課意見。

此外，每次考試的時候，學生們的狀況就會特別多，難道印度學生都有考試恐懼症嗎？我們中心的學生似乎很容易發燒感冒，而這些症狀都很湊巧地發生在考試當天，有一次有個班總共二十個學生，期中考當天，就有三個發燒、三個家中有人往生、四個在醫院照顧家人，來考試的只有十個學生。但隔天所有人都到齊上課。

最大競爭對手竟來自自己的國家

在印度有些印度人覺得中文教學很容易，就在外面學了一半（可能連中級的聽說讀寫程度都沒有）的情況下，就去開課招生。開課後，教到一半碰到問題，就隨便給個答案，導致這些被他們教出來的學生就業後才發現所學的中文是錯誤的，這些倒楣的學生們後來被介紹來我們這裡才從頭開始學。這也是我們跟學生聊天時才知道的。

除了印度籍的競爭對手外，其實我們最大的競爭對手竟是各個來自台灣教育部的華文中心。每家語言中心都有自己特編的教材，但是政府並沒有要提供資源或整合這些已長期在當地深耕的私人機構一起打拚，而是藉著來「觀摩」不停地尋問並收集了大家的資源後，去開發公部門的華語文中心。

二〇二一年八月時我曾收到來自某華文中心的教師傳來的訊息。她請我回答她的一些問題，以便做為他們出版商業中文教科書的參考。這麼直接下指令的方式，讓我有點不舒服。我直接回絕了對方，並回覆道他們派出來的中文教師如此之多，應該足夠為這本書提供想法和建議了。對方很直白地回答我：他們沒有教授商業人士的經驗，所以才來找我。這樣的方式（以上對下的高姿態）確實讓我這不靠公部門資源努力生存下來的業者很難理解是什麼心態。甚至之前也有貿協在印度開設中文課程，來和我們這些小機構競爭。

這些大鯨魚打小蝦米的舉動，真的讓我們這些小蝦米私人機構很心寒。

想來印度教中文的母語人士有限

大家可能都覺得到海外教書應該很容易就賺到一桶金，而對印度抱有很大的夢想。殊不知來印度後，發現與其他國家差異很大，無論在生活環境、飲食習慣都會有很多狀況，還有大家很關注的安全等難題，各方面都不適應，導致最後提前返台。師資的不確定性，讓我們在招募上更是難上加難。即使招募到了，我們也經歷過一些光怪陸離的事，這些事讓我們中心慢慢的修正並新增許多規定。不論是從學生或是教師身上，我們中心也學習到非常多的經驗值，這都是訓練「漢你中文」變得更堅強的養分。

身為教育者，我們中心的初衷是訓練印度學生擁有生存技能，進而運用在各行各業，雖然這兩年我們中心受疫情影響很大，但訓練當地學生有中文能力的初心至今依然沒有改變，而我們中心正努力回到以前的軌道上。

4-4

台灣在印度的官方與民間機構

我當初來印度創業時，並沒有台商會也沒有台灣人，一切都要靠自己從頭開始，辛苦和壓力也加倍沉重，在當時若能得到奧援，不但能安心許多，也會更有力量。然而現在和我剛進到印度時，已經有很大的不同。近年來，台灣駐印度代表處對於初進印度的台商雖盡心提供諮詢服務，但畢竟台印無邦交，許多地方也使不上力。或許，相較之下民間商會在商業活動上，彼此交換情報、合作互助，要來得更加有活力。前進印度前，不妨先了解我們目前常駐印度的台商現況，也可以熟悉各地商會，在將來能用更充足的準備，去因應在印度發生的各種突發狀況。

在台灣的印度官方單位

在台灣除了「經濟部國際貿易局」外，另外可諮詢的就是「印度台北協會」（India-Taipei Association，簡稱ITA）。經濟部國貿局舉凡商業貿易、投資及貿易糾紛等相關業務皆可協助；印度台北協會則有印度各邦政府及當地觀光景點相關資訊，一應俱全。到印度註冊公司，所有的文件也都需印度台北協會做海外認證，確認文件有效後才能送來印度進行註冊流程；除此之外，印度台北協會亦不時舉辦一些印度文化的交流活動，以促進台灣人對印度的了解。

經濟部國際貿易局：www.trade.gov.tw

印度台北協會：www.india.org.tw

人助之前先自助

在過去十幾年來，由於莫迪政府上任，使台印關係有些許改善，但因為仍不是邦交國，所以就現實面來說，台灣官方能協助台商的其實非常有限。有家公司（做重大工程建設的台資公司）得到印度政府的標案，在工程進行至一半時，公司要開始收款，但拖延了兩、三個月才陸續收到，到後來工程結束，款項仍收不齊全，便求助台灣官方，卻也無能為力。後來這間公司在印度的標案都寧可放棄也不去競標，轉而接印度民間大型工程的標案。連大企業都會遭遇這樣的情形，小型企業就更不用說了。

我們中心也有過這類經驗。有一次接到一個邦政府的翻譯文件，透過官方介紹請我們把邦政府的招商文件翻譯成中文，整份文件翻譯的總費用差不多台幣三至四萬元，最後邦政府還是沒有付費。我們寫信去詢問都沒有回應，便轉而向代表處求助，代表處回應：「我只負責介紹案子，並不負責幫您公司收到錢。」這句話雖然中肯，在台灣政府的立場確實是如此，但就我們一個小公司而言，有政府部門的轉介，就等於是一種信用，壓根沒想到政府部門的案子會收不到款。當下真的欲哭無淚，只好轉念當作做善事。

在過去幾年中，當地不論台商公司規模的大小都有很多狀況，最常見的貿易糾紛就是貨款收不到；或者貨在離開台灣的港口時沒問題，一落地印度後各式各樣的小問題通通出現了。這些問題求助於我們政府部門，效果往往都十分有限，實際上的助益並不大。

會來印度工作的通常只有兩種人：自己來創業的台商（比例較少）與公司派來的台幹（占多數）。來這裡創業的人幾乎都是單打獨鬥，但在海外碰到自己的同胞，大家會特別珍惜，彼此之間也多會保持聯繫、互相幫忙。但是，大家請不要忘記印度的台商所占的比例相當低，絕大多數還是台幹，所以實際上協助的力道有限。

回台時，我常常在一些演講或論壇場合，聽到一些官員在詢問這些想來印度的小型企業主一些問題，當詢問到對方預計投資的金額為多少時，若聽到回答的投資金額很少，就直接打槍說：「那還是不要來印度好了，你們一定賺不到錢。」等等潑冷水話語，讓在會場上的我當下聽了心中真的很感慨，這些政府官員的說辭根本就是直接讓想要投資印度的中小企業主，在未進入印度戰場前先戰死在自己的國家，那又如何去協助我們這些中小型企業主到印度打天下？

資源分配不均，連政府單位也想搶一杯印度羹

二〇一六年政府開始實施新南向政策，政府資源卻完全沒有把印度真正的納入，在印度的台商界也沒有看到政府投進印度的相關資源。綜觀新南向的國家，重點在東協十國而非印度，新南向國家的相關文宣上亦很少有印度的資訊（除了可以看到國家簡介外，其他可參考的資源非常有限），或許這跟台灣政府非常不熟悉印度有關。

為何我要說資源分配不恰當呢？例如之前貿協有「中文商業課程」、清大教育中心開了「如何勇闖印度做生意」、觀光局駐點在新加坡卻要「負責印度觀光」……等等，就我對政府部門的認知，教育業就應該專職在教育上，做貿易媒合的就應該專心在商業貿易上，而不是跨界不同領域的業務，又沒有深入了解印度在地的產業模式，砸下重金，可能只為了消化一定的計畫或預算，結果成效不彰。

舉個例，以前駐新加坡觀光局除了負責新加坡的業務外，還需要負責印度的範圍。駐新加坡的台灣觀光局對印度不熟悉，但卻要在印度推廣台灣觀光，能有多大效用？其實觀光局每年都有預算提供印度駐當地的公關公司去做台灣的行銷（包含曾商請寶萊塢明星拍攝台灣行銷廣告），但這些錢幾乎花出去就沒有後續的成果。在印度並沒有長期的窗口供當地旅遊業者諮詢或是提供教育訓練，若只單純依靠當地公關公司每年一次灑錢做廣告，這樣花再多的錢，當地業者都還是不會推廣台灣旅遊，只是每年一次參加觀光局舉辦的台灣觀光展，幫忙充個場面罷了。

中小型企業主深耕印度而能成大事

我只能說，來印度這幾年中，一直會聽到官方或其他單位跟我說「你們旅行社太小了、不夠大、層級不夠」諸如此類的話語。所以縱使我們真的很想行銷台灣，讓大家看見台灣，也因公司規模太小，政府部門壓根不理會，也看不到我們這些小的公司行號。

嗯，我們公司是真的很微小型的企業，但因為多年的深耕，在印度的人際交往與對印度當地習慣的了解等面向，不一定比不上官方，甚至在台灣民眾尋求援助時，我們能協助做到官方單位辦不到的事。二〇一九年十一月九日有位台商失聯，家屬透過緊急連絡電話尋求代表處協助找人，該失蹤消息還有上新聞。駐印代表處找了三天後仍無果，後來經其他台商發文出來，我看到後，透過自己的旅遊公司聯絡其他小規模的當地業者，不到五小時就掌握到台商行蹤，並轉給代表處做後續處理（本書第76頁有描述詳情）。雖然我們規模小，當這些小規模公司串連起來，可是能成大事的。不要忘了，台灣大部分產業也都是由中小型企業把產業供應鏈撐起來的。

中小型企業的優勢

中小企業需先確定自己的產品是否有獨特性，及是否在印度有一定的市場規模，這個市場調查的工夫必須在進來印度前先完成。若自己的產品有獨特性，且在印度市場有一些利潤，那就可以考慮進來印度這個戰場；反之，若產品沒有一定的獨特性（即有很多相似產品）並且市場很小，那就沒有必要進來印度戰場。中小企業在特定的區域及獨特性的產品下深耕，可以逐步建立自己的品牌及口碑。口碑很重要，不像大型公司可以靠打廣告及公關公司建立完成，而是可以用自己的產品建立起來。比如我的印度朋友是賣二手機器的，他就專門在德里賣二手機器賣了二十年，只要有人要買二手機器，首先就會想到他而非其他大型廠家。慢慢地就有一些其他邦的小型業者也跟他購買機器。我們中文機構也是在德里深耕多年沒有其他分點，但我們的學生不只來自德里本地，也有來自昌迪加爾、烏代浦、孟買、清奈、瓦拉納西和班加羅爾等其他城市，這些來自外地的學生都選擇在德里租屋，只為了短期的中文進修課程。

中小型企業可以說是在地螞蟻軍團大聯軍。這個螞蟻軍團主要都是為了多賺一些錢但又不想被制式的公司體制綁住自動形成的，有個體戶也有中小型企業，彼此共同利潤分享或互相幫忙。不論是個體戶或中小型企業，投資成本不像各大公司的人事及辦公室成本那麼重，產品的包裝也未必追求精美，只求賣出去且有利潤，商品的售價就多了點彈性。像台灣人熟悉的印度 Medimax 香皂，十幾年前的包裝很醜，近幾年改了包裝，但仍不是大家想像中的美麗包裝，卻依然可在海外及印度國內持續熱銷，就是一個很好的例子。轉個想法跟著當地的思維走，而不是負面看待當地產品，如此才能生存下來，並進到這戰場。

在印度的台灣官方單位

當然這幾年也因為不少官員的微服視察，台商在印度能得到更充分的協助。二〇一七年「駐印度代表處經濟組」設立了 Taiwan Desk 提供台商來印投資相關問題及資訊的諮詢服務。二〇一八年十一月台印度雙方共同在 Invest India 設立 Taiwan Plus 辦公室，由雙方派駐專人，我方由「駐印度代表處經濟組」派駐經濟秘書，協助推動台灣廠商赴印度投資布局。另外，貿協在印度四城（德里、孟買、清奈、加爾各答）駐點，確實也提供了初進印度的台商／台幹一個新的諮詢地點。

若有事想諮詢，建議可以先與駐印度代表處經濟組連絡。經濟組的業務內容包山包海，所管轄的國家不只是印度，還包含尼泊爾、不丹、斯里蘭卡和馬爾地夫，管轄範圍雖大，但這些駐外人員都盡心盡力地協助駐地台商及新進的台資企業，解決來印的疑難雜症。然而，在無邦交的狀況下，經濟組或是外館想要協助，有時就是多了那麼一點無奈。

在印度的台灣官方單位

・駐印度台北經濟文化中心（TECC）

轄區：印度不包括南部五邦（安得拉邦、泰倫加納邦、卡納塔克邦、喀拉拉邦、坦米爾納杜邦），及三聯邦領地（安達曼-尼科巴群島、拉克沙群島、旁迪切

里），兼轄不丹、尼泊爾、孟加拉

電話：(+91-11) 46077777／緊急連絡電話：(+91)9810502610

網址：www.roc-taiwan.org/in/index.html

- **駐清奈台北經濟文化中心**

轄區：印度南部五邦（安得拉邦、泰倫加納邦、卡納塔克邦、喀拉拉邦、坦米爾納杜邦），及三聯邦領地（安達曼－尼科巴群島、拉克沙群島、旁迪切里），兼理斯里蘭卡及馬爾地夫

電話：(+91-44)-4302-4311／緊急連絡電話：(+91)-96000-99511

網址：www.roc-taiwan.org/inmaa/index.html

- **中華民國對外貿易發展協會，貿協 TAITRA**

貿協目前在整個印度共有四個服務據點：

(1) 貿協新德里（TAITRA New Delhi Office）

轄區：印度首都德里，及北方七邦（哈里亞納邦、喜馬偕爾邦、查謨和喀什米爾邦、旁遮普邦、拉賈斯坦邦、北阿坎德邦、北方邦），及昌迪加爾聯邦屬地

電話：(+91-11)-40824300／Email：newdelhi@taitra.org.tw

(2) 貿協孟買 TAITRA Mumbai（Taipei World Trade Center Liaison Office In Mumbai）

轄區：西印度三邦（果亞邦、古吉拉特邦、馬哈拉施特拉邦），及中印度（恰蒂斯加爾邦、中央邦），及納加爾．哈維利、達曼及第烏、拉克沙群島三個聯邦屬地

電話：(+91-22)–22163074／Email：mumbai@taitra.org.tw

(3) 貿協加爾各答 TAITRA Kolkata（Taipei World Trade Center Liaison Office in Kolkata）

轄區：印度東北八邦（錫金邦、阿魯納恰爾邦、阿薩姆邦、曼尼普爾邦、米佐拉姆邦、那加蘭邦、梅加拉亞邦、特里普拉邦），及東印度四邦（賈坎德邦、奧迪沙邦、西孟加拉邦、比哈爾邦）

電話：(+91-33)-40042796／Email：kolkata@taitra.org.tw

(4) 貿協清奈（Taipei World Trade Center, Chennai）

轄區：印度南部（安得拉邦、卡納塔克邦、喀拉拉邦、坦米爾納杜邦），及旁迪切里、安達曼 - 尼科巴群島聯邦屬地，兼理斯里蘭卡、馬爾地夫

電話：(+91-44)-30063616／Email：chennai@taitra.org.tw

在印度的台灣民間商會

印度也有台灣商會，分別有四個地區商會：德里台商會、孟買台商會、南印度台商會（設在清奈，目前並無運作）和班加羅爾台商會。德里台商會於二〇一〇年八月成立，為印度第一個台商會，亦為目前全印度台灣廠商家數較多的商會。孟買台商會及南印度台商會分別於二〇一一年及二〇一三年相繼成立，班加羅爾台商會則於二〇二二年剛成立。此外，在二〇一三年也成立了「印度台灣商會聯合總會」（TCCIN），但因為在印度的台商還是以台幹居多，故實際上總會 TCCIN 的功能就不若各地區商會那麼完整。

二〇二〇年後，因疫情影響及美中科技角力和貿易戰，全球供應鏈重組，許多大廠隨著鴻海、緯創、台達電的腳步紛紛來印度設廠及設點，相對地也吸引了更多台灣企業想來試水溫。後疫情時代，已有許多台廠相繼來印度設廠或設辦公室，相信今後會有更多的台灣人來印度生活及工作了，屆時各個台灣商會在印度的力量應該就會更強大了。

除了台商會外，「台北電腦商業同業公會」（TCA）也於二〇一〇年在南印度班加羅爾市成立印度辦公室，專門提供初來印度的資通訊廠商們諮詢與服務。

緊急事件處理方式

建議出國前記得先把在印度的預定行程提供給家人，並將駐印度代表處（新德里或清奈）的緊急連絡電話及外交部緊急聯絡中心電話（0800-085-095），一併附給家人。同時，加入外交部領事事務局 LINE 好友（ID:@boca.tw），在出國前登錄旅外緊急聯繫資料。抵達印度後不時在臉書或 Instagram 打卡，隨時更新目前位置。

親友在印度失蹤時

若在印家人失聯，在台親友必定要記下最後連絡的時間、日期和地點（這點非常非常非常重要），並撥打外館的急難救助電話，提供以下訊息給外館，如此才能盡快找到人。

一、失蹤者的大頭照

二、最後出現地（請不要只說在山上，請提供在哪個邦失蹤的？及大約的城市）

三、最後入住的飯店（名稱及地址）

四、最後安排的會議（與誰進行會談）等等

護照遺失時

若護照在來印度期間遺失，一定要先去附近或當地警察局報案，取得報案證明後，再求助外館，請駐外館處依據你的報案證明補辦護照或核發返國旅行文件。護照不見，不需要打急難救助電話，在上班時間打電話到外館即可。要留意的是，必須自行處理報案事宜，外館人員無法代為處理。

第05章

生活在印度

5-1

在印度住哪裡

在公司評估要進入印度市場後，接下來讓大家感到頭痛的就是要選擇住哪裡？怎麼找住的地方？以下介紹印度的租屋方式、各地區的租金行情，讓大家可以快速上手。

印度的租屋方式

在印度有兩種租屋方式：

一、租PG（Paying Guest House）：算床位的方式，一般是兩人床以上一間房（有點像台灣的雅房，但有的含衛浴、有的不含）。若想一個人住這個房間，假設這間房有兩張床，就要買下兩個床位的租金，若其中一張床已租出去，那麼就是會有另外一個人和自己共用這個房間（不是一整層而是一間房）。屋內的設備每家都不一樣，要看自己的需求（運氣好的還有含兩餐或含洗衣）。一般PG就跟租一整層一樣，每月付租金，押金一至二個月，有些ＰＧ會要求六個月的 lock-in period，即六個月內不能搬出，一定得住滿六個月。

二、租一整層：自己找室友，人多會較合適，但大都是空屋，所以家具的花費要好好評估。

一般在印度找房子（不論是租ＰＧ或整層），絕大部分的人會先利用線上租屋網來初步找屋，租屋網上的消息有些是房東直接刊登的，有些則是房屋仲介。若是透過仲介找到房子，仲介的費用是房租的半個月到一個月左右。目前我們大多是透過仲介來找房子。

印度常用租屋網

- **Magicbricks**：www.magicbricks.com/independent-house-for-rent-in-gurgaon-pppfr
- **99crocr**：www.99acres.com
- **Nobroker**：www.nobroker.in
- **Makaan**：www.makaan.com/delhi-residential-property/rent-apartments-in-delhi-city
- **Sulekha**：www.sulekha.com/2-bhk-apartments-flats-for-rent/delhi
- **Zolostays**：zolostays.com
- **paying guest in Bengaluru**：www.payingguestinbengaluru.com

住宿ＰＧ的優缺點

Paying Guest House，簡稱ＰＧ，指的是房東提供的是以一張床為基本的租房方式。對印度人而言，ＰＧ是很普遍的選擇。有些外地人來德里工作，都會傾向住在離公司近或交通方便的地方，但若是要住在比較熱門的地段，一個外地人就難以負擔一整層房租，就會去找附近是否有ＰＧ。

ＰＧ基本上有分全棟男生及全棟女生，為了女性的安全起見，ＰＧ比較少有男女混合。一般是一個房間可容納二至三張床為主，而房東會以一張床（一個人頭）的方式出租，租金以每個月計算，且要住滿六個月左右。租金一個月從六千盧比／月／床至一萬五盧比／月／床（即一個人頭）不等，不含電費。每個ＰＧ房東所提供的內容都不太一樣，但基本上都配有公用廚房、公用冰箱及房內的一個衣櫥、一張桌子、一張床、衛浴等，再好一點的則會含早／晚餐／冷氣／大門守衛等等。住ＰＧ的好處是有人隨時可以幫忙打點，也不怕沒水沒電。（若是租屋在一般公寓而非大型社區內，水通常是儲存在屋頂上的儲水桶內，目前仍沒有像台灣有自來水的管線及設備，所以每天在特定時間都需要打水，若忘了打水可能就會碰到隔天沒有水用的狀況。至於缺電通常會發生在夏季，電力超載使用所以不時會發生跳電，但這些缺電狀況目前改善了許多。）

我們的員工就住在ＰＧ。以此為例，租金一個月一個人頭是八千到一萬四盧比上下。租金八千的就沒有含餐；租金一萬三的有小廚房可以煮自己的食物，也有冷氣及電視和風扇。電費有分開的電表可供計算。若要煮東西，則需要另外租瓦斯桶，一個瓦斯桶二十公斤大約要一萬一盧比上下，約可以用三至四個月（以一個人每天煮三餐來計算）；一萬四的則含了兩餐在內，但屋內沒有小廚房可供煮食，一萬四的ＰＧ含兩餐及每個月三十件的洗衣服務，提供洗衣服務算是ＰＧ中較少見的（有些一萬四的ＰＧ也只含早餐不會有晚餐）。住在ＰＧ很大的好處是，早晚出入有專門的保全在看管，所以也比較安全。

然而，ＰＧ的缺點之一就是個人活動空間有限，要與其他人（印度人居多）共用一個房間。我們曾有位員工碰到不太好相處的印度室友，他時時刻刻想要省「電費」，即便是晚上九點多，還會要求不要開燈，以免浪費電，甚至有時要求不可以用太多電。我的員工一直忍，忍到受不了才告訴房東。住在ＰＧ，若有紛爭最好的解決方式就是直接告訴房東，請房東去處理。這個員工後來也就換到另一個房間。

此外，自己買的水果、食物若放在公共冰箱容易不見。我們有位員工把自己買的糖果放在公共冰箱裡，沒多久就發現糖果變少，後來才知是被人吃掉了；另外一位則是發現，放在廁所的刮鬍刀有被印度室友使用過的痕跡，詢問了其他人，才知道原來東西放在公共空間是「被允許使用的」，後來他們就不再把個人用品放入公共空間及冰箱了。

租一整層空間

另外一個選擇就是租下一整層。以德里都會區（ＮＣＲ）及班加羅爾兩城為例，在德里有很多外來人口至此工作，所以租房大部分是空屋出租，要自行安排床、冰箱、家具等等；也有部分房東會提供 Semi-furniture（半套家具），但所謂半套家具可能只是多個櫥櫃、床

印度租屋比較

租屋方式	優點	缺點	租金範圍
租PG：以床位出租，一個房間約二至三張床	・有公用廚房和冰箱 ・房內提供衣櫥、桌子、床及衛浴 ・視費用可含早／晚餐／冷氣 ・有大門守衛、隨時有人打點 ・不怕沒水沒電 ・有wifi ・可以交到新朋友	・必須與陌生人共用空間 ・放在公共空間的私人物品會被他人使用	一張床一個月八千到一萬四盧比上下（約台幣四千到七千元）（也有很便宜的，可能是在地下室沒有窗戶的房間）
租一整層空間	・空間較大 ・可以自己煮飯或請人來煮飯或打掃 ・不怕買來的食物放在冰箱不見 ・可以請認識的朋友來家裡吃飯 ・不怕被人一直打擾 ・睡眠品質較佳 ・租金比較便宜	・必須自備家具 ・必須定時打水（公寓型住宅） ・若電器損壞需自行找水電工修理，或連絡房東（通常房東比較不會去理會電器損壞的狀況） ・桶裝瓦斯需自行申購及自行打電話請瓦斯行換瓦斯 ・需自行申請wifi ・需自己或自行找人每天打掃房子	請參閱後頁表格

或沙發而已。

新社區型的房子都幾乎有二十四小時供電系統（備有大型的發電機）及自有的水塔。五月到八月是整個印度最熱的季節（喀什米爾、拉達克、山區等除外），所以經常會跳電，社區型的大樓就不會遇到像傳統房子的停電狀況。至於用水，也因為自有水塔，所以不需要自行在特定時間內開馬達抽水。

此外，不論是社區型的大樓或是傳統型的公寓，都請記得在停電時要拔插頭，若是房子內的電器用品並沒有加裝UPS不斷電系統，當電一來，電器或電子產品很容易受損，我歷來電腦的充電器很多就是這樣損壞的，所以要小心。

大城市租屋情報

以下針對外商較多的大城市：德里、古爾岡、諾伊達、班加羅爾，一一分析其居住條件。

德里

德里以行政區來劃分共分為十四區。行政區很重要，若在當地有事發生或是要去FRRO註冊時，必須知道自己所住的區域是屬於哪個警察局所屬轄區。

德里行政區分布

區域	涵蓋區域
北區	Civil Lines, Pratap Bagh, Kotwali, Bela Road, Andha Mugal, Mori Gate, Majnu Ka Tila, Gulabi Bagh, Red Fort, Sant Nagar, Sarai Rohilla, Yamuna Bazar, Roop Nagar, Inder Lok, Lahori Gate, Maurice Nagar, Sadar Bazar, Church Mission, Shakti Nagar, Ahata Kedara, Town Hall, Subzi Mandi, Bara Hindu Rao, Nai Sarak, Tis Hazari, Kashmere Gate, Chandni Chowk.
東北區	Seelampur, Gamri, Nand Nagari, Gokalpuri, Shahdara, Ashok Nagar, Khazuri Khas, Welcome Colony, Sunder Nagar, Karawal Nagar, Mansarover Park, Harsh Vihar, Bhajanpura, Seemapuri, Yamuna Vihar, G.T.B. Nagar
中區	Daryaganj, Lalkuan, Prasha Nagar, Chandni Mahal, I.P. Estate, Rajender Nagar, Turkmangate, LNJP Hospital, Pusa Road, Jama Masjid, Pahar Ganj, Sita Ram Bazar, Kamla Market, DBG Road, Sangtrashan, Shahganj, Shidipura, Nabi Karim, Hauz Qazi, Govt. Qr. Devnagar, Ballimaran, Karol Bagh
新德里 中心行政區	Tilak Marg, R.M.L.Hospital, Chanakya Puri, Parliament St., Sucheta Kriplani Hospital, Tughlaq Road, Boat Club, Mandi House, North Avenue Panchkuian Road, Kali Bari Marg, South Avenue, Gole Market, Rabinder Nagar, Malcha Marg, Connaught Place, Kaka Nagar
南區	Hauz Khas, Amar Colony, C.R Park, Malviya Nagar, Garhi, Ambedkar Nagar, Saket, Okhla, Madangir,Pushp Vihar, Sunlight Colony, Sainik Farm, Mehrauli, New Friends Colony, Kalkaji, Defence Colony, Nehru Place, Gulmohar Park, Sukhdev Vihar, Badarpur, AIIMS, Bharat Nagar, Sarita Vihar, Lodhi Colony, Hz.Nizammudin, Sangam Vihar, Pragati Vihar, Jangpura, East Kidwai Nagar, Khan Pur, Sarai Kale Khan, Lajpat Nagar, Greater Kailash, Panchsheel

西區 I	Janakpuri, Vikaspuri, Keshopur, TilakNagar, Uttam Nagar, Mohan Garden, Nawada, Kakrola, Paschim Vihar, Meera Bagh, New Multan Nagar, Nangloi, Tikri Border, Nilothi, Nangloi Jat, Mundka, Baprola, Hari Nagar, Ashok Nagar, Prem Nagar, Subhash Nagar
西區 II	Anand Parbat, Moti Nagar, Patel Nagar, Punjabi Bagh, Kirti Nagar Rajouri Garden
東區 I	KalyanPuri, Laxmi Nagar, PreetVihar, New Ashok Nagar, Patparganj, Shakarpur, Trilokpuri, Mayur Vihar-I&II, Karkardooma
東區 II	Gazipur, GandhiNagar, Krishna Nagar, Anand Vihar, Old Seelampur, Mandawali, New Shahdara, Geeta Colony, VivekVihar, Jheel
西南 I	Inderpuri, Naraina, Mayapuri, Najafgarh, Kapashera, Zafarpur Kalan, Dwaraka, Vasant Vihar, R.K.Puram, Sarojini Nagar, Vasant Kunj, Delhi Cantt., Dabri
西南 II	Delhi Cantt.,Vasant Vihar,Vasant Kunj, Munirka, Sarojini Nagar, Nauroji Nagar, IIT, Green Park, Ghitorni, Mahipal Pur
西北 I	Model Town, Jahangirpuri, Sangam Park, Adarsh Nagar, Vijay Nagar, Keshav Puram, Ashok Vihar, Shalimar Bagh, Wazirpur, Saraswati Vihar, Kingsway Camp, Pitampura, Mukherjee Nagar, Rani Bagh, Azadpur, Rampura, Tri Nagar, Gujrawalan
西北 II	Sultanpuri, Mangolpuri, Samaypur Badli, Prasant Vihar, Auchandi Border, Bawana, Alipur, Rohini, Kanjhavala, Narela, Kirari, Aman Vihar, Mubarakpur, Qutab Garh, Jonti, Mungeshpur, Mukandpur, Khera Kalan

德里以南德里的機能及便利性為最好，但房價也最高。第二高是中區，再來是北區、西區，最後才會選東區。德里市由於土地已飽和，無法再開發。在德里一般的樓房（公寓）最高的樓層高度介於四至五樓之間，大部分由民宅改建，不像在古爾岡或諾伊達有十五層樓以上的高樓群聚住宅社區。

一般的租屋房型有：一房一廚一衛（1RK）、一房一廳一衛一廚（1BHK）、二房一廳一廚（2BHK）、三房一廳一廚及一／二衛浴（3BHK），也有四房二廳三衛一廚（4BHK）。

德里南區的優勢是有比較多的各區市場及大型的購物商

德里租房可以考慮的區域及租金

區域	可考慮區域	坪	租金 RS	ROOM
南區	Jor Bagh	84	130,000	2BHK
	Jor Bagh	76	100,000	2BHK
	Jor Bagh	90	140,000	2BHK
	Defence colony	56	55,000	2BHK
	Defence colony	51	71,000	2BHK
	Defence colony	76	125,000	2BHK
	Greater Kailash ,GK1	53	41,000	2BHK
	Greater Kailash ,GK1	53	45,000	2BHK
	Greater Kailash ,GK1	49	30,500	2BHK
	Anand niketan	152	100,000	2BHK
	Anand niketan	51	45,000	2BHK
	Saket	25	16,500	2BHK

	Saket	22	11,000	2BHK
	Vasant kunj	39	35,000	2BHK
	Chhatarpur	23	14,000	2BHK
	E.Kailash	42	29,000	2BHK
	Jangpura	39	40,000	2BHK
	Jangpura	25	35,000	2BHK
	Vasant vihar	42	65,000	2BHK
	Vasant vihar	35	40,000	2BHK
	Vasant kunj	28	38,000	2BHK
	Vasant kunj	48	46,000	2BHK
	Green park	34	35,000	2BHK
	Green park	28	35,000	2BHK
中區	Chanakya puri	101	125,000	2BHK
	Chanakya puri	51	120,000	2BHK
北區	GTB Nagar	8	16,000	2BHK
	Mukhejee Nagar	40	6,500	2BHK
	Mukhejee Nagar	4	7,500	2BHK
	Vijay Nagar	25	7,500	2BHK
西區	Dwarka	28	10,000	2BHK
	Paschim vihar	30	18,500	2BHK
	Rajouri garden	35	27,000	2BHK
東區	New ashok nagar	17	12,000	2BHK
	IP Extension	46	45,000	2BHK
	Mayur vihar phase I	30	24,000	2BHK
	Mayur vihar phase II	30	18,500	2BHK

場，生活機能性較高。

大家較熟悉的區域有 Defence Colony Market、GK1 M-block 及 N-Block market、Hauz Khas Village、Lajpat Nagar Market、Jangpura、South Extenion Market、Vansant Vihar 等。

在各區的市場區中，除了賣流行服飾、首飾、食品外，也有咖啡店、蛋糕店、進口食品店及各式各樣的餐廳，商家型態也不輸給大型的購物商場。

在南區的大型購物商場有 Saket Select City Walk、Ansal Plaza、Ambience Vasant Kunj、DLF Promenade Vasant Kunj 等。這些購物商場除了大家熟悉的星巴克、咖啡豆（coffee bean）、Zara、Tommy、麥當勞、肯德基、無印良品等商家外，還有電影院、超級市場和美食街，同時也兼具了生活及娛樂的機能。

這些大型購物商場有時也會配合當地節日會舉辦一些市集活動。在十二、三年前，印度根本不慶祝西方節日，但在近幾年印度開始會慶祝聖誕節、感恩節等西方重要節日。我們公司也位在南區，當初會設立在此是因為外國人比較多、整體安全性較其他區域來得高，而南區的整個經濟活動也較熱絡。要喘口氣的時候，我就會直接搭 auto 去購物商場走走，喝喝咖啡，轉換心情，也順便休息一下。

此外，南區交通也較其他區來得便利許多。南區距離德里機場約三十分鐘的距離而已，除了有較多的 auto、Uber／Ola 外，也有從南區直接通往諾伊達或古爾岡區的地鐵，非常的便利。

古爾岡

古爾岡（Gurugram，舊名 Gurgaon）有分舊古爾岡及新古爾岡。新古爾岡區大都是西方住宅模式，所以目前各國外派人員大都會選擇住這區。古爾岡的選擇比德里多，有大樓社區型的房子，也有一棟洋房及一般公寓型的房子。大樓社區型的房子有二十四小時不斷電、不斷水系統及保全警衛，有些則會再附有健身房、游泳池及網球場，另外再加上每個月的管理費用。若是洋房型（House）或是公寓型的房子則沒有上述設施。但不論是公寓或大樓社區型，一般的押金介於一至二個月左右。

古爾岡的租屋好區又在哪呢？其實，只要沿著 Golf Course Road 或是 MG.Road 及 Hunda City 周邊，都算是可以納入選擇考慮的區域，像是 DLF Phase 1、2、3、4 等地區，原因是鄰近地鐵站，又有一些新建的購物商場相伴，整體看起來就快要追上南德里了。但仍有一點要提醒，因為瞬間移入較多外來人口，導致部分區域的基礎設施尚未完全備妥，不時有限電、限水的公告。

另外，當地交通沒有德里來得方便，大部分住古爾岡的人都有自用車做為移動工具。若自己沒有車，可移動的範圍可能就只能有古爾岡輕鐵周遭及搭 Uber／Ola 為主。古爾岡也有 auto 三輪車，但不多。此外也有「人力三輪車」，人力三輪車專門跑靠近地鐵站的附近 colony（小區）而已。

古爾岡區也有和德里區一樣的購物商場，像 South Point Mall、MGF Megacity Mall、DT Mega Mall、Ambience Mall 等。在這些購物商場附有超級市場、電影院等等。

古爾岡租房可以考慮的區域及租金

City	可考慮的區域	坪	租金 RS	ROOM
古爾岡	Gurgaon sector 67	42	27,000	2BHK
	Golf course road	35	45,000	2BHK
	Sector 60	43	41,000	2BHK
	Sector 48 Sohna road	40	50,000	2BHK
	Sector 10	45	18,000	2BHK
	DLF Phase 3	25	26,000	2BHK
	DLF Phase 3	46	22,500	2BHK
	DLf phase 4,sector 28	51	36,000	2BHK
	Sector 69	20	20,000	2BHK
	Sector 44	51	80,000	2BHK
	Sector 28-MG MRT	28	25,000	2BHK
	DLF Phase 5, Sector 53	45	48,000	2BHK
	DLF Phase 5, Golf course road	32	39,000	2BHK

在South Point Mall和DT Mega Mall裡也有一些韓國店及日本店。像我一些台商朋友們都會不時去韓國店採買豬肉或是去Spencer超市買肉類等，也非常方便。

另外還有一區叫現代之城（Cyber City），是主要的IT服務產業區，由於都吸引印度高科技人才來此工作，所以很多異國風味的餐廳相繼進駐，慢慢形成一個美食聚落區叫Cyber Hub。

諾伊達

諾伊達（Noida）的住宅，有大樓社區型，也有一般公寓型。由於諾伊達開發的時間比德里及古爾岡晚，所以整座城市的規畫比德里及古爾岡來得更完整。

相較於德里，諾伊達的房租比較便宜，尤其目前已有多條地鐵線通往德里，每天往來德里—諾伊達兩地的通勤時間約半小時至一個半小時左右而已。諾伊達可以考慮租屋的區域目前集中在 Sector 52 沿線往下至 Sector 76 這區，及從 Sector 52 往上至 Noida Electronic City 站（Sector 62）並延伸到 Ghaziabad 市的 Indirapuram 區。這些屋子也以大樓社區型為主。在諾伊達也有一些大型的購物中心如 The Great India Place、Logix City Centre Mall、Gardens Galleria 等。

班加羅爾

班加羅爾（Bangalore）位處南印度，有「印度矽谷」的雅稱，各國的ＩＴ產業大都落腳於此。目前有非常多的外國人在電子城（Electricity City, E-City）或是在郊區上班，但都會選擇入住班加羅爾市，也因此相較於前幾年，班加羅爾房價已上揚許多。這裡租屋的選擇也跟德里都會區（ＮＣＲ）一樣，有公寓式及大樓社區型，目前還是以公寓式為主。

現在雖然班加羅爾部分的地鐵仍尚未完全完工，但仍可以用鄰近地鐵站做為找租屋處的依據。和德里租屋不太一樣的地方是，大部分房東會收取較多的押金（至少五個月以上至一年），但也有些房東不收每個月的租金，而以押金扣抵方式出租，所以在租屋時要特別注意租屋合約。

諾伊達租房可以考慮的區域及租金

City	可考慮的區域	坪	租金 RS	ROOM
諾伊達	Sector 50	36	20,000	2BHK
	Sector 50	55	30,000	2BHK
	Sector 50	32	20,000	2BHK
	Sector 62	32	14,000	2BHK
	Sector 62	35	21,000	2BHK
	Sector 62	35	16,000	2BHK
Ghaziabad-Indirapuram	Aditya mega city	34	20,000	2BHK
	Aditya mega city	34	15,000	2BHK
	Orange county	38	20,000	2BHK
	Orange county	38	30,000	2BHK
	ATS Advantage 1	47	29,000	3BHK
	ATS Advantage 1	60	32,000	3BHK
	ATS Advantage 2	47	25,000	3BHK
	ATS Advantage 2	41	25,000	3BHK
	ATS Advantage 2	60	31,000	3BHK
	Orange county	44	23,000	3BHK

班加羅爾也有大型的購物商場：如 Phoenix、Mantri Square Mall Banagalore、Garuda Mall、Lido Shopping Mall 等。跟德里都會區的購物商場一樣，有超市、餐廳及電影院等，兼具生活及娛樂功能。

在班加羅爾近郊的電子城有許多外資／印資公司設立，如 Infosys、Accenture、Bosch 等。有很多人選擇在電子城找房，但目前附近機能及交通就不像班加羅爾城中心那麼方便。但若是選擇住在城中心，從市區前往電子城在平日非上下班時間通勤約為三十至五十分鐘，若是

班加羅爾租房可以考慮的區域及租金

City	可考慮的區域	坪	租金 RS	ROOM
班加羅爾	Whitefield	40	33,000	2BHK
	Munnekollal	24	15,000	2BHK
	HSR Layout	38	30,000	2BHK
	Kadugodi	36	32,000	2BHK
	Kadugodi	30	23,000	2BHK
	Brookefield	48	43,000	2BHK
	Brookefield	35	30,000	2BHK
	Defense colony , Indira nagar	35	35,000	2BHK
	Indira nagr, HAL Stage 2	32	30,000	2BHK
	JP Nagar	38	23,000	2BHK
	Doopanahalli	45	45,000	2BHK
	E-city	45	40,000	3BHK
	E-city	30	22,000	3BHK

碰到上下班，則需要兩小時以上。雖然說目前是班城的交通黑暗期，但在未來五年，地鐵陸續完成，道路拓寬工程也會相繼完工。可以預期的是，到那個時候的班加羅爾市的生活圈就一定會從目前的市中心擴大到電子城了（和目前的德里都會區一樣）。

安全性評估

來到人生地不熟的地方，該怎麼知道這區的生活環境是安全的？

除了委託房屋仲介外，也可以自己到處看看。一般仲介帶著看房都會選擇白天或日落前（通常台灣人比較害怕在晚上看房，因為有安全上的顧慮），房仲也會配合房客有空的下班時間帶去看房。大致上來說，早上看的是交通便利性、生活機能等；晚上看的是此區的安全性。若覺得某特定區域還不錯，可以在晚上八點至九點左右再去走走看看。若那個地方在晚上八點就已經很少人在路上走動（如同台灣的十一、二點），或是每一戶都似乎沒有開燈，也許這區在某個程度上有著安全性的疑慮，則可以再多加評估；又若是住宅區每一家都有保全在門外看守，也未必真的很安全，此時不妨特別注意周遭出入車輛及居民穿著……等，若是有較高檔的車子出入，如 Skoda、Audi、Toyota、Honda CR-V、BMW 或是中產的 Maruti、Suzuki、Hyundai、Mahindra 等，就可以將這區的房子納入考量了。

我會將據點設在南德里，就是因為這裡外國人比較多，且在印度當地中產階級甚至是上層人士也多居住在此，晚上外出採買時，也就不會顯得那麼突出了。總之，若選定了區域，就可能要在入夜時親身走走看看，除了評估安全性外，也能藉此更了解當地的生活機能。

對於租屋處的安全性，除了評估周遭環境之外，也要小心房東詐騙，這裡就有個房東吃掉租金的案例。

之前有幾位台灣觀光客，拿著兩個月的電子觀光簽證來印度，想在德里待兩個月學瑜伽，透過類似 Airbnb 的網路平台找了一間位在德里 Jangpura 的三房公寓，租金為十萬盧比（當時約台幣五萬元），房東要求三個月押金，聽起來似乎還可以，所以他們決定租下。房東在簽約時並沒有交付鑰匙，反而要求他們支付第一個月的租金連同押金共四十萬盧比，同時他們也跟房東去法院做了公證。心想合約拿到手，也公證了，應該沒問題。結果，隔了一週要搬進去時，發現房東的電話一直連絡不上，而且房子也轉租給別人了。

後來他們請了一位律師，透過律師找到轄區警察局與負責此案的員警，這位員警跟著律師和這幾位台灣人碰面，知道來龍去脈後，就在現場打電話給房東，要求房東在下午出現。房東允諾會出現，但由於當時是中午，員警表示現在是午餐時間，下午四點後再跟這些台灣觀光客碰面，同時會把房東找出來。等到四點房東沒出現，而這位員警竟然直接跟律師說，他可以找其他人幫忙，但需要支付額外的處理費。這些台灣人不願意付錢，這件事情後來當然就沒有解決，付出去的四十萬就被這麼硬生生被印度房東吃掉了。

這類案例在印度很多，最好的處理方式，就是直接尋求駐新德里的台灣代表處幫助。雖然不見得一定有用，但是，透過代表處至少還有一點機會把租金拿回來。

5-2

在印度談房租

印度的房子因為天氣關係（一年大部分時間都是比較熱的），公寓型房屋多是以長型為主而非四方形（長型房子可以阻擋熱氣進到房內），中間有天井（從頂樓到一樓，中間是空的，有通風散熱功能）。有些廁所是印度式廁所（蹲式）而非西式。但這些情形在大樓社區型的房子或新蓋的房子是比較沒有的，大部分是公寓型及舊式房屋才可能看得到，或許這類房子的房租符合我們的預算，但就必須接受房子格局不太一樣的地方。

在印度租房子要注意的地方應該與台灣沒有太大差異。合約上會載明是何時要付房租、押金多少、租金多少，或含有哪些家具。

針對個人租屋

我二〇一六年十月至十一月間曾在德里租過三層樓公寓的一整層，和房東先生簽了一年的合約，押金一個月，在二〇一七年初時，發現牆壁沿著梁柱有著不大不小的裂縫，請房東來查看，房東表示有裂縫是正常的，沒關係。我心想房東這麼說，應該就沒有關係了吧（後來在沒有太大的異動下，自動續約一年）。二〇一八年七月左右，德里發生了小小的地震，結果這個不大不小裂縫，變成清楚可見的兩公分大縫，隔天我就開始找房子，並且通知房東要退租，因為房子有裂縫，並約定隔天要來看房子的狀況。隔天房東跟我說，這一小點裂縫很正常，不用擔心，即使塌了也有樓下的人擋著。我聽了仍告訴他下個月會搬家，只是告知他而已。隔幾天，他說無法完全退還一個月的押金給我，因為我把牆壁弄得很髒，而且牆壁油漆是防水防火的，要再花費一萬盧比重新粉刷，所以押金只會退一半。當下我直接跟房東說，在他把房子交給我的時候，並沒有在合約上註明牆壁是防水及防火的（在印度根本還沒有防火防水的油漆，一般人沒有這種概念，跟台灣完全不一樣。房東其實是不想退押金，只是找藉口而已）。我沒等他反駁，繼續說，我會找人把牆壁還原成跟新的一樣，並表示，我把牆壁復原，若他還不退押金，我就會告到警察局，並跟德里市政公司（MCD，是一個地方政府的市政單位，像是台灣的環保署和營建署的結合，主要是負責管理人口超過一百萬的地方單位，同時維持並發展德里市的環境衛生、合法建築查驗等）的人說他的房子是危樓，讓別人不敢租。他聽了也沒再出聲，過了幾週才把押金全額退還。

也是同一位房東。有一次家裡整天都沒有水，後來才知原來有人半夜偷了我的馬達。因為我住的並不是台幹外派住宿的大社區，而是傳統的四到五層樓公寓，傳統住家並沒有裝設現代化的自來水管線，大都是在特定時間由水塔送水，再利用馬達把水打入自家頂樓的儲水桶內，如果忘了每天在特定時間內開馬達打水，可能就會整天沒有水可用。我也曾碰到送水的時間是凌晨五點半至六點半，而忘了起來開馬達打水，結果一整天都沒水用；也曾經也因為不知幾點會送水來，只好去朋友家洗澡。

在印度若是住在傳統的公寓或社區，馬達就放在一樓的外面，再用鐵籠子鎖起來，每一家都有一個鐵籠子。通常不會有人去偷馬達，很幸運的就給我碰上了兩次。第一次被偷時我並不知道，還是照樣在固定時間打水，兩天後竟然沒水了，詢問樓下的鄰居是否送水時間改了，鄰居說與之前一樣。後來他們才發現我的馬達鐵籠子被打開，裡面的馬達不見了，我才知道馬達被偷，難怪沒有水打進儲水桶。後來找水電工幫忙補上新的馬達，一個馬達約莫兩千五百盧比，我忘了告知房東。事隔沒幾天又沒水，發現新馬達又被偷了！只好再裝新馬達。連水電工都說，他做了這麼久，還是第一次聽到有人不到一個月連續被偷兩個馬達，我回他說：「所以你生意會愈來愈好，小偷會愈來愈差（壞事做太多了，象神會處罰的），因為你幫我很多忙。」

第二次我就有通知房東說馬達被偷了，也已找人來裝好新馬達。他說沒問題。第二顆馬達的費用我就直接從下個月的租金扣除，在下個月繳房租時，房東來電問為什麼少付了一些房租，我回答：「馬達被偷了所以你要付啊。」他說：「這段時間你是租屋者，所有的損失你都要負責，不該是房東負責的。」我直接跟他說：「那個馬達是在『屋外』不在『屋內』，照理說在屋外的東西不在我的管轄範圍內，你應該要負責兩個馬達的費用，但是我已經付了一個了，所以你要付另外一個，你要付兩個的錢我也沒異議。」房東自知理虧，就沒再繼續說下去了。

要提醒大家，在印度租屋，絕大部分是透過房屋仲介，房仲的服務費用從租金的一個月至一個半月不等，一般是一個月。這筆仲介費用只是代為找房子的服務費用，房子找到後若有問題，房仲都不必負責。這麼看來，房東好壞真的會因人而定，像有時燒水的爐芯壞了，也是自己要處理，但有的房東會處理，所以也不一定。

在簽合約時，個人租屋一般都會簽十一個月，也有些只簽十一個月的合約（因為房東不想繳太多稅）。一年合約到期後，若要繼續住，則房租以每年一〇％調漲，有些房東會直接更新舊約；有些則需要重新訂一份新的合約，重新訂一份新合約的費用也會向我們收取。關於每年調漲一〇％的部分，可以跟房東談條件，例如一次繳半年的房租，即一年繳兩次，以及簽二年的合約，前兩年是否能先不調漲房租，而這兩年也不會搬家，若搬家，之前給的押金就會全數被房東沒收。

另外，在簽約完成之後，房仲的另外一個工作就是要幫房客去當地的警察局登記，證明在這個轄區下，房客有合法居住權。這個登記很重要，若接下來要到印度內政部外國人事務局（FRRO）做流動戶口註冊時會用到，同時，若要辦手機門號、銀行開戶等，也都需要這張證明。一定得要求房仲辦好，在辦好後再給房仲另外一半服務費。

印度租屋幾乎都是空屋，即使有半套家具，但房東提供的家具都未必很好，而且在房子繳回時，若碰到不好的房東，會在家具上做文章要求賠償，所以最好順著當地租空屋為主的方式。

南北印租屋方式不太同，南印人通常比較和善，但這個狀況隨著印度國內經濟起飛，愈來愈多外資進入，南印惡房東也時有所聞。通常北印要求的押金在一至二個月左右，南印或西印要求的押金可能高達五至八個月。所以在南印租屋時，最好可以和房東談到一至二個月合理的押金。

個人租屋簽約注意事項

- 承租一年，一般是一個月押金，於約滿退租時退還。後疫情時代，可用手機支付取代現金。在確定不續租時，可以與房東說直接扣抵下個月的房租。
- 租屋房仲服務費用約租金的一個月。
- 租約到期後，大部分情況房租會每年調漲一〇%（簽約前可與房東談條件）。
- 簽約完成，房仲必須幫房客去當地警察局登記，證明房客有合法居住權。這個居住證明一定要拿到，因為在銀行開戶、FRRO 的登記和當地手機號碼的購買都需要附上。
- 若是有含家具，必定要在入住時檢查每一個物品是否有一些損壞，並同時錄影存證。

公司租用辦公室

在德里租辦公室，要注意是真的商業用或只是自用住宅。在印度，商業用途就只能租商用辦公室，自用就只能租自用住宅，若是商業用途則不可以租自用住宅，不像台灣有商辦與住宅合一。我們曾委託仲介找辦公室，不論怎麼找，房租都是六萬盧比左右，好不容易透過友人找到一個位在路旁後棟的三層商業樓。房東人很好，會不時協助我。辦公室的合約是四年，租了三年後發現，雖然位在路旁，但處於後棟不容易找到，對生意並沒有幫助，再加上雨季時有漏水的情況，所以房東在第三年末跟我們說，若我們要提早去找新的地點，可以提早通知，他會退回我們公司的押金。通常若要搬離，需要兩個月前通知房東。

我們這次沒有委託仲介，而是自己去找新辦公室，但花了近兩個月還沒有找到新地點，就想在舊地方多待一個月，此時剛好發現隔壁的隔壁有三層樓的一樓要出租，而且也在路旁，雖說空間小很多，但是覺得離舊辦公室不遠，學生也容易找到我們，就這麼租到了新的地點。這位房東也在我們搬離沒多久，退了部分的押金給我們。

剛搬到新地點的前一、兩年，房東也很不錯，有任何問題都會幫忙解決。然而過了兩年，房東習慣我們好說話後，對待我們的方式漸漸變了。有將近一年時間幾乎每週都會有一到兩天辦公室沒水可用，打電話向房東求助及詢問原因時，原本房東都會很熱心地去找人檢查，後來都直接回說：「我也不知道原因，你自己想辦法。」一聽到這樣的回覆，我說：「我們公司每個月都有付你水費，且這項也是註明在合約上的，再者，你是房東，沒有水本來就要幫我處理，而不是我自己想辦法，若你要我自己想辦法，那麼衍生出的費用我會在下個月的租金扣除，你若同意，那我就自己想辦法。」當他聽到我這樣說，口氣緩了許多，並且說他會派人來看看到底是哪裡出了問題。水的問題就這麼樣解決了。

我們公司在這個辦公室待了近四年，在二〇一八年八月二十九號搬到新的地方，同年十二月接到前房東電話，說我們公司九月份的電費、外加每個月的固定費用共一千盧比沒有繳清。我回覆道，我們公司在八月底已經搬離，為什麼要付九月、十月的費用？我們會付到二〇一八年八月三十一號，包含固定費用，但是，九月以後的費用不會支付。他竟要求我們就是要付到十月，後來幾乎每天都來電催我繳費。

所幸我們在離開舊辦公室時，有把最後一天的電表上的使用數字拍照下來，我的回應方式就是把照片傳給他，並強調，不會支付九月、十月不合理的收費，若硬要我們付這筆錢，我們會去提告。後來他就沒有再來索要費用。

我和同事討論為什麼他硬要索取這不合理的兩個月費用，推測原因是從他打電話來的十二月，他的空間還找不到人承租，近四個月沒有收入，這個房東想收入能補就補，因此便想硬凹。所以提醒大家，遇到房東不合理的要求，還是要小心應對。例如，租辦公室或是住房，第一天搬入及最後一天搬出時，最好能把電表上的數字拍照及手寫下來，將資料保存好，搬離時通知房東當天電表的數字。印度的電費在德里目前有些區是每一個月付一次，有些是兩個月付一次，所以一定要注意電表上面的數字。若手邊沒有任何的資料做為證明，也只能認栽付錢了事。

另外，印度租辦公室和一般個人住房不同，商業用途通常是談三年合約，押金一般是三個月（也有兩個月的）。房租也是以每年一〇％的幅度調漲，但也可以和房東商量，若是半年付一次，能不能讓每年的一〇％凍漲。另外，在找到房子時會先付訂金把空間保留下來，預付的費用也記得要請對方寫下收據，因為不論是有意或無意，印度人通常會忘了當初是收多少錢，以紙本寫下並請對方簽名、押上日期，以避免後續有不清楚的問題。

合約需留意上面是否有寫明實際支付的押金費用，在簽約當天要付清押金及租金時，盡量用公司支票或是線上銀行轉帳方式，才能有個依據。請盡可能減少現金支付，因為在搬走時，房東可能會說你當時沒付押金而把押金扣下來。

商用辦公室租屋簽約注意事項

- **北印：**商業用途通常是二至三年合約，押金一般是三個月，於約滿退租時退還。
- **西印／南印：**商業用途通常是二至三年合約，押金一般是六個月，於約滿退租時退還。
- **東印：**商業用途通常是二年合約，押金一般是二個半月，於約滿退租時退還。（押金可再和房東協商，未必是固定的定值。）
- 租屋房仲服務費用約租金的一個月至一個半月。
- 房租幾乎每年調漲一〇％（可在簽約前與房東談好條件），東印度約每年五％。

・若以現金支付訂金時記得要請對方寫收據，並押上簽名及日期。

・以支票或線上轉帳方式付款，以確保有憑據。

外國人可以買房嗎？

為了防止外資炒房價，之前印度政府並沒有開放外資個人買房，但目前已經部分開放外資個人買房，只是需符合一定的條件，如：

一、需長期居住在印度，即在上個年度在印度已住滿一百八十二天。

二、買房為個人居住為主，不得做其他商業轉賣。

若是已在印度成立的合資公司或獨資公司，則可以在印度買房及買地。南北及各地段的房價皆不同。像有一間台資公司在租了約四、五年的房子後，就跟房東直接買下房子。以長期規畫來看當然要買，但若是進入印度市場五年以下的公司，我個人是不太建議買。原因有二：一、外派的台幹們若不適應周遭環境，想要換地方時，房子該怎麼辦？二、公司才剛進入印度市場，對這裡還沒有概念，若評估了一段時間，想要退出市場，但已經買下的房子該如何處理？（在當地這種房子是很難處理的）所以建議大家進入印度市場時，對於軟體及硬體都需要多一點時間做評估。

5-3

在印度吃什麼

大多數的印度人通常都跟家人住一起，早餐多半是在家吃完才出門上班。早餐內容大多是傳統的 Paratha 餅（小麥餅加上一些洋蔥或馬鈴薯混合做成），再配上一杯奶茶即完成。

午餐則會帶便當。印度的便當叫堤分（Tiffin），可能有三層或四層，把做好的餅或白飯再配上蔬菜咖哩、沙拉和無糖酸奶（或稱優格）分別放入各層食盒。當然有些人也會選擇去外面小店買一份簡單的咖哩套餐、炒麵或透過手機叫外送如 Swiggy、Uber Eats 等等。

若沒有和家人同住，早餐可能是簡單的餅乾和一杯奶茶就解決了。晚餐會吃得比早餐或午餐較豐盛一些（可能多個幾道咖哩）。

手抓食在印度很普遍，尤其是吃印度餅時，會以手去撕餅再入口。不過一般餐廳都有附刀叉及湯匙供客人使用。其實，在印度並非所有人都用手抓飯，每個餐廳都仍備有湯匙、刀叉，中餐廳或日本、韓國餐廳除了刀叉，現在也都備有筷子給客人使用。所以不要誤以為在印度全部的印度人都用手抓飯吃。

在北印，主食是餅類，飯麵次之。若在一般印度餐廳用餐時，點了白飯外也會點可配飯的不同咖哩菜色，通常都會點醬汁較多的咖哩，接著就看自己要用什麼方式吃飯。若用手抓飯，都以右手為主，先把咖哩淋在盤子上，盤子上已有白飯了，然後用右手把要吃的咖哩醬先撥一些和白飯混在一起，再以手把這混好的咖哩飯弄成一小球，再用大拇指把這一小球的飯堆入口中。

請記得用手吃飯，都要用右手而非左手，若是要把 Roti 或是 Naan 大片撕成小塊時，若可以就用右手執行。像我就沒辦法用單手撕餅，只能兩手並行撕成小片，但我會以右手拿餅去蘸醬（咖哩醬也要先盛到自己的盤上，而非用餅去蘸那完整的咖哩菜）。我個人也因入境隨俗，在吃餅時會以右手抓食為主，但在吃飯類／麵食時會以湯匙和叉子為主。提醒大家，左手是上廁所時沖洗使用的手，所以不可用左手吃飯或蘸醬；另外，遞名片時印度人也會以右手遞名片，左手同時放在右手腕上，以示尊敬；或是付錢都以右手為主。

外國人常覺得印度人用手抓飯吃很奇怪，但其實對印度人來說這是很自然的事，因為印度米像泰國米一樣粒粒分明，不像台灣米比較黏（台灣米混合咖哩後飯會太糊）；印度食物也比較少湯湯水水，不像台灣的飲食習慣（喝熱湯）；更重要的一點是，我很多印度朋友常說，美味的食物需要用手去體驗才是最享受美食的方式。

以下介紹印度常見美食，來到印度不妨全都吃上一輪，來嘗嘗什麼是真正道地的印度咖哩美食。若是懷念家鄉味，現在在印度其實也愈來愈容易買到東亞食材了哦，後面也將告訴大家哪裡買得到能一解鄉愁的食材。

大啖印度日常美味

印度用餐的時間和台灣不同，大約早上八點是早餐時間，下午一點半至兩點半是午餐時間，五點至六點是晚餐前的點心時間，晚上八點半至九點是晚餐時間。也因為午餐及晚餐時間與其他國家都不同，所以中午十二點半至一點半餐廳裡幾乎都是外國人在用餐，六點半至七點半也都是外國人的時間，之後約九點餐廳才開始湧進來用晚餐的印度人，算是在這裡蠻奇特的現象。

印度食物與台灣或其他東亞國家的差別除了用餐時間不同外，「味覺」的差異更大。比如，在台灣夏天常吃的綠豆湯是甜品，冬天常吃的紅豆湯也屬於甜品。剛來印度的前幾年，我曾煮綠豆湯給學生們吃看看，結果沒人買單，問了學生們為什麼不覺得好吃，他們說因為裡面沒有印度香料 Masala，吃起來沒味道。後來才發現，我們的綠豆湯、紅豆湯到了印度後，直接都變成了印度咖哩。我也曾帶台灣經常吃的黑糖糕回來給印度朋友們吃，竟然都反應「這個糕點太甜了，吃不下去。」在印度的甜點，最有名的就是 Gulab Jamun 及 Jalebi，這兩種甜點深受印度人喜歡，都是用麵粉做成，先油炸後再浸入糖漿中，才來食用。台灣人吃到這兩種甜點都有相同的反應：一入口，眉頭立刻皺成一團，直說甜到爆。但印度朋友們竟然說我們的黑糖糕太甜！果然，味覺接受度大大不同。

印度的食物不論是甜或鹹，大部分都是重口味，重鹹、重辣。再者，印度是香料大國，所以印度咖哩的種類並非只有一種，有針對素食者的素咖哩，還有魚的咖哩、肉類咖哩、炭烤咖哩等，加上烹調的方式從烤、煮、炸、燜，再搭配各式各樣不同的香料，讓整個印度食物／菜色增添許多不同的味覺層次。印度人煮菜時會依據主要的食材，放入適當且可提味的不同香料，這些各式各樣的香料全部加在一起煮時，我們習慣統稱為「咖哩」。

若以孟買做為南北印的劃分，因地理位置及氣候因素，南、北印吃的食物不太相同。北印常見小麥及麵粉製品及各式豆類、肉類並搭配各式各樣的印度香料，非常香但有時也很辣，大部分北印的蘸醬會以小黃瓜、香菜、薄荷、羅勒等基本蘸醬食材為主；南印則喜好米食製品（如小扁豆），搭配椰子及椰肉為主要的蘸醬食材，加上靠海的關係，海鮮也是常用的材料。通常南印度菜添加的香料（咖哩）種類比較少，而北印的食物咖哩較多且變化也多，所以目前大家喜歡的印度料理幾乎都來自北印。

在印度旅行時，進到餐廳點菜一定會看到菜單上區分「Veg」和「Non-Veg」，即素食和非素食。提醒一件事，在印度的素食是含洋蔥及大蒜的，不像台灣的素是不含洋蔥及蒜的。所以，若真的是「全素食者」，要跟餐廳的人說要一份「Jain Meal」（耆那教素，完全素食，有著最嚴格的飲食規範，不吃肉類、海鮮、蛋、薑、蒜、洋蔥、馬鈴薯及根莖類蔬菜），才不會誤食到洋蔥。

在印度，舉凡只要是吃的東西，不論是食品、零食、牛奶、糖等，外包裝上也一定會有「綠色」及「紅色」的圓形標誌，來標示「素食品」及「非素食品」。餐廳菜單也會標示

「Veg」和「Non-Veg」，或用綠色及紅色標誌來註明。

Veg Dish 素食料理

印度有三成以上的人吃素，是全球素食人口比例最高的國家（因為近八成印度人信奉印度教，而印度教提倡素食）。想像一下，每十個人就有三個人吃素，可想而知，素食料理在這個國度有多麼重要。先從素食咖哩談起，從烤的到燜煮的咖哩，選擇多樣，但大部分的咖哩仍以濃稠狀居多，以便可以與印度餅蘸著吃。洋蔥及番茄是基本食材，搭配丁香、小茴香、芥末子、薑黃及辣椒等基本香料，做成不同味道的咖哩。同時也跟台灣一樣，在當地也有很多的特色菜或家常菜色。

豆類咖哩（濃稠咖哩）

印度素食者大多透過豆類來補充蛋白質，其中最有名的基本款就是 Rajma、Dal Makhani、Dal 和 Chana Masala：

- Rajma 主要的食材是大紅豆（花豆），洋蔥及番茄，搭配小茴香、月桂葉、肉桂、辣椒、香菜及基本香料，燜煮完成，通常與米飯合用。
- Dal Makhani 主食材是黑豆、洋蔥及番茄，再加上洋蔥及基本香料，加入奶油，燜煮，以便用印度餅蘸著吃。

- Dal（黃豆泥）主要用綠豆仁（或黃色印度扁豆）或任何豆類，配上基本香料加上檸檬、孜然粉，煮成糊狀。因為很容易煮，這道菜算是印度人的家常菜，配上白飯非常好吃。
- Chana Masala 是以鷹嘴豆為主要的食材，加上基本香料和小豆蔻、洋蔥、番茄及薑黃等。

不論是哪種豆類料理，通常還會搭配印度特製的醬菜 Pickle。每一家的醬菜作法都不同，但共同點就是「鹹、辣、酸」。印度醬菜也跟台灣醬菜的功能一樣能促進食慾。

蔬菜咖哩

蔬菜咖哩有 Gravy（濃稠的），也有 Dry（乾的）。代表菜為 Palak Paneer、Shahi Paneer、Mixed Vegetable。

- Palak Paneer 菠菜乳酪咖哩，把菠菜絞碎後（像豬絞肉一樣）與印度乳酪（Paneer）搭配，加上基本香料和洋蔥、番茄，一起燜煮，煮完後會變成綠色的咖哩，雖然顏色很嚇人，卻是好吃極了。菠菜是一年四季都有的蔬菜，而印度乳酪是先把牛奶煮一陣子後，看到有凝固物出來時再關火，跟做豆腐有點類似。通常吃的第一口會誤以為是我們熟悉的豆腐，吃第二口時又發現跟豆腐不同，有奶味而沒豆香。印度乳酪通常在傳統市場都買得到，也可以在超市買到真空包。
- Shahi Paneer 番茄乳酪咖哩，把洋葱和番茄一起煮到爛後，再加入特有的香料及印度乳酪後，再一起燜煮，醬汁大部份為暗紅色。
- Mixed Veg. 是綜合蔬菜咖哩，顧名思義就是混合各種不同的蔬菜下去煮的咖哩，最常見的食材是白花椰菜、馬鈴薯、四季豆、洋蔥、洋菇及紅蘿蔔，把各食材切成小塊，加入基本香料做出的咖哩。這算是簡單而健康的入門款咖哩。

Non-Veg 非素食料理

非素食咖哩，顧名思義就是非蔬菜類食的食材，皆叫 Non-Veg Curries。由於宗教及天氣關係，印度的 Non-Veg 咖哩主食材幾乎是以雞肉為主，羊肉為輔，水牛或牛肉、豬肉很少甚至沒有。順便提一下，印度的羊肉跟台灣的羊肉不一樣，料理方式也不同，所以大部分店家的羊肉幾乎很少有羊騷味，各位可以試試看。和素食咖哩一樣，洋蔥及番茄是基本食材，搭配丁香、小茴香、芥末子、薑黃等基本香料，做成不同味道的咖哩。代表菜色有 Butter Chicken、Mutton Curry、Egg Curry：

- Butter Chicken 奶油雞，發源地是德里，以雞肉、番茄、洋蔥、奶油及鮮奶油做成。雞肉會用生薑、蒜蓉及紅辣椒粉先醃過，在煮的時候除了在醬汁內加入新鮮番茄和香料之外，還會加入一大塊奶油，讓香濃的醬汁滲入雞肉。這道菜通常是各國觀光客來德里時的口袋菜單之一。
- Mutton Curry 羊肉咖哩，是一道伊斯蘭風味的慢煮菜式，將羊肉與香料放進由洋蔥、生薑與蒜頭煮成的濃汁內，用慢燉的方式保留羊肉的鮮味。
- Egg Curry 雞蛋咖哩，由水煮雞蛋、豌豆及芫荽、薑黃、辣椒、孜然及洋蔥和番茄烹煮完成。雞蛋先炸過再和上述香料一起煮，也是觀光客的口袋菜單之一。

炭烤類

印度有 Kebabs、Tikka 及 Tandoori 三種炭烤方式。三者不同點在於：

- Kebabs 的食材是由碎肉組成，做成兩種形式，一是像關東煮中的竹輪卷（中空），另一種是像土耳其烤肉的蜂窩狀，然後直接在火上烤。
- Tikka 是把主食材切成一塊一塊，若是肉類則去骨。無論是肉類或非肉類食材，Tikaa 是以「一串接一串」的方式把料理串烤出來。
- Tandoori 則是把主食材以一大塊方式放在高溫的爐子裡（有點像烤胡椒餅的爐子）烤。Tandoori 烤出來的食物表面會有一點焦，但比 Tikka 來得多汁。

不論是 Kebabs、Tikka 或 Tandoori，在食材放入大鍋前，都會塗上搭配好的各式香料，讓香料入味後，再放入高溫的爐子裡烤。與我們烤肉之前先醃肉的概念是一樣的。炭烤類的食物，佐菜都會搭配上生洋蔥與檸檬及新鮮的薄荷羅勒醬。

炭烤的代表菜色有：

Mutton Kebabs / Seekh Kebabs 烤羊肉串。用碎羊肉配上特定香料，以烤串方式直接在火上烤

Tandoori Chicken 烤全雞或烤半雞

Tandoori Panner 烤印度乳酪

Paneer Tikka 烤印度乳酪串

Tandoori Broccoli / Gobi 烤綠花椰菜／白花椰菜

不只是白米飯，還有各類米製品

在印度，任何食物都需要加入「香料」才有味道。除了白飯外，還有以下飯類可供選擇：

- Jeera Rice（吉拉飯／孜然飯），在印度或巴基斯坦，為了讓飯更香，通常會在生米時加入孜然香料，與米一起煮，煮好後就是香噴噴的孜然飯了。不像 Biryani 要花點時間煮，這個算是印度人的白飯了。
- Biryani 香料飯，發源地在海德拉巴（Hyderabad，位在印度南部），將米、肉、香料一起放進鍋內，以木柴或木炭小火燜煮而成（但現在都用瓦斯煮成）。燜煮出來的飯都有濃濃的香料味，這道也是各國觀光客來印度旅遊時必點菜色之一，我自己也很喜歡吃這道料理。
- Dosa，是南印的早餐之一。通常以扁豆糊和米調成米糊，作法跟可麗餅很像，將調好的米糊平鋪在鐵板上，放上已先煮好的馬鈴薯咖哩泥，再捲成薄餅。最後以芥末子、月桂葉、洋蔥、青辣椒、椰子組合的蘸醬及 Sambar 香料扁豆燉蔬菜醬，一起搭配著吃。
- Idli，是南印主要的早餐，由發酵過的黑豆糊和米糊蒸熟，再製成餅的形狀，有點像我們過年吃的發糕，但是沒有味道，必須搭配 Sambar 和 Coconut Chutney 椰子口味的蘸醬一起吃。Sambar 是香料扁豆燉蔬菜醬汁，Sambar 通常是南印料理的主要配菜。

- Pulao Rice，和 Briyani 香料飯不同處在於，Pulao 是先把生米和主要食材（如肉類或蔬菜）與香料先炒過後，再加入水去蒸，所以與 Briyani 香料飯有不同的口感。大部分的阿富汗餐廳或是伊斯蘭餐廳都有這道。

變化豐富的印度餅

印度的餅很有名，我們常說「一樣米養百樣人」，在印度或許可以說是「一種餅養百種人」。印度的餅大部分以小麥及麵粉做成。若是在餐廳點餅來吃，幾乎所有的餅都是用 Maida（印度精製麵粉）做成，但是如果在家裡吃的餅，都是以 Atta（小麥麵粉）為主。（外面餐廳賣的 Atta 有時摻有 Maida，所以會有小麥和精製麵粉混在一起的「小麥麵粉」。）

下列是餐廳菜單上常見的餅選項：

- Roti（也叫 Chapati）是用 Atta 製成，通常是圓形且以烤的方式製成。表面有點焦焦脆脆，吃起來很有嚼勁。菜單上名稱是 Tandoori Roti。
- Naan 是用 Maida 製成，通常是兩個手掌大的形狀，且外觀呈白色狀。比 Roti 來得軟一些，外層會抹上奶油，所以在菜單上可以看到 Tandoori Naan、Butter Naan、Garlic

Naan。基本上 Naan 不會與其他蔬菜混合做成。

- Kulcha 是用 Maida 及酸粉製成，通常是手掌大的圓形，其實這個和 Naan 有點像，但以形狀而言，Kulcha 比較小一點且有加一些酸粉，Naan 是不加酸粉的。另外，Kulcha 會與其他蔬菜一起混合，再用平底鍋或是 Tandoori 烤出來，如菜單上會有 Tawa Kulcha（煎的，有點像我們的蔥油餅）及 Amritsar Kulcha（用芥菜油）和 Aloo Kulcha（Aloo 是馬鈴薯）。
- Paratha 是用 Maida 或和 Atta 混合做成的，通常是手掌大的圓形，和 Roti 不同的是，Paratha 會與馬鈴薯或洋蔥混合做成，表面還會塗上一層 Ghee 或奶油，增加香味。所以菜單上會有 Onion Paratha、Aloo Paratha。
- Lachha Paratha 是用麵粉做成的，通常呈輪子狀，一層一層的餅，有點像台灣的手抓餅。並不和其他蔬菜相混。
- Missi Roti，由 Atta 和黑鷹嘴豆（black chana）做成，圓形手掌大，通常和 Roti 大小差不多。
- Papad 印度脆餅，是開胃菜小菜，薄薄脆脆的，鹹中帶一點辣味，通常是在等主菜前吃的，有時也會是下酒菜之一的名單。
- Puri 空心油炸餅，算是輕食之一，因為是用油炸的，整個餅因為裡面空氣膨脹會像氣球一樣鼓起來，所以要趁熱才好吃。在撕開 Puri 時，要小心不要被衝出來的熱氣燙到了。空心的 Puri 會跟馬鈴薯咖哩搭配著吃。

- Chole Bhature 也是空心油炸餅，和 Puri 一樣，只是體積比 Puri 來得更大。空心的 Chole 會配上鷹嘴豆咖哩及其他醬料一起吃。吃的時候也要小心，不要被衝出來的熱氣燙到了。

另外要特別介紹的特色美食是 Curd（或稱 Dahi，是無糖的酸奶，也就是優格），通常會配在 Biryani 或 Dal 的菜色旁，可以降低膩味及幫助消化。通常夏天時，我都會買一整盒，然後加進水果變成水果優格，在小店或市場都買得到。

炸物小點心

- Samosa 咖哩餃，由麵粉加上各家搭配的香料（通常有孜然、薑黃、黑胡椒粉、豆蔻粉等），含餡包著馬鈴薯及豌豆（或花生），然後下油鍋炸。炸好後，搭配甜辣醬蘸著吃。外皮脆脆的，內餡則是軟軟的，算是印度街頭小吃首選名單。
- Pakora 炸蔬菜，通常由馬鈴薯、花椰菜、洋蔥三種基本款組成，有時還會有洋菇等。算是主菜前的開胃菜或是下酒菜之一。
- Bread Pakora 炸三明治，通常由豌豆、馬鈴薯、青椒與羅勒組成，煮成咖哩後塗在吐司上，再油炸，對半切成三明治，就可以吃了。有時裡面也會包有 Paneer，也很好吃。是下午的點心首選。
- Vada 炸豆餅，是南印小點心，由小黑豆磨成粉糊與洋蔥及碎青椒一起炸，小名叫「鹹鹹甜甜圈」。

- Momo，長得像厚皮的小籠包，但又結合中式蒸餃而成的印式小點。有分素的（Paneer／蔬菜）和非素的（雞肉），及油炸的和蒸的兩種。
- Maggi 麵，台灣有統一肉燥麵，印度有 Maggi 麵。Maggi 麵有時也會被我當成一頓午餐。Maggi 麵通常會與番茄、四季豆或加入雞蛋一起煮，煮到湯快乾掉時，再把麵撈起來，當地人都是以乾麵的方式來吃，所以我也叫它麻吉乾麵（Maggi 音近麻吉）。
- Panipuri，半空心油炸球（有點像我們的芝麻球），裡面塞滿馬鈴薯及鷹嘴豆混成的內餡，加入由新鮮的薄荷、香菜、青辣椒做成的冷湯，並配上甜酸辣醬，是一個非常有名的街頭小吃，一次販售五到六個。

5-4

在印度煮出台灣味

若在印度待了兩三個月以上，通常都會吃膩印度料理，就會想要自己煮來吃。相較我剛進來印度時，現在印度整體飲食及食品供應的狀況已經好太多了。

十年前想要煮個簡單的白菜豆腐湯，光一個豆腐就買不到，只能以假的豆腐（指印度乳酪Paneer，我稱之為假豆腐）充當，小白菜也是季節蔬菜，在這裡便用菠菜代替。我也是到後來才發現，醬油真是海外遊子的必備品。因為印度的醬油加在菜裡面很像臭掉的油，當時只有「萬」字醬油（龜甲萬）可以買，一瓶五百毫升的醬油是七百五十盧比（約合台幣兩百五十元，很貴，但沒有其他醬料可用，還是忍痛買了）。此後返台，我一定會帶一瓶台灣的醬油回印度。（現在印度的龜甲萬是一公升六百五十至九百盧比。）

另外，印度也有產米，米的種類很多，有些像台灣米一樣短短的，有些像泰國米一樣長長的，不論是長米或短米，內含的澱粉品質都不是很好。不論自己怎麼吃飯，吃得跟山一樣多，但也很快就餓了。在德里冬天時，我習慣煮粥來暖一下胃，煮了很久，卻沒有台灣米那種一煮就會有「白色泡泡稠稠」的澱粉被煮出來，煮了二、三十分鐘仍是米水分離的狀態。後來才知道，原來是因為印度的米的澱粉含量不若台灣米那麼好。所以有時我會從台灣帶一小包米（一百公克）回印，偶爾嘗一下台灣味道。

印度夏季真的太熱，我曾經想做個「烏醋涼拌小黃瓜」，無奈這裡買不到黑醋，連白醋都很難見，最後只能以貴森森的蘋果醋代替，結果整盤的涼拌小黃瓜就只有淡淡的酸味，沒有那蘋果醋該有的蘋果味，以後我就直接買檸檬加上醬油取代蘋果醋了。

一般來說，每個住宅區都會有自己的市場，這些市場大部分就像台灣傳統市場一樣，有賣蔬菜水果、乾貨、日常用品等。唯一和台灣不太一樣的就是肉及海鮮需在特定地點才買得到。因為印度人大部分吃素，即使非素食者也大部分只吃雞肉跟羊肉。也因為宗教關係，牛肉在印度幾乎沒有，如果有，也是以水牛居多。

印度由於氣候關係，大部分蔬菜都比較小，選擇性也比台灣少很多。葉菜類的菠菜、橄欖菜、紅鳳菜為全年都有，小白菜、青江菜、空心菜為季節性蔬菜，根莖蔬菜如紅／白蘿蔔，還有各式青椒／紅椒、玉米、小玉米、南瓜、各類瓜類（如印度絲瓜、大小黃瓜、各種苦瓜）、花椰菜／綠花椰菜、各種豆子和秋葵等在印度也很常見。洋蔥、馬鈴薯和番茄是印度人主要的基本食材，尤其是煮任何蔬菜咖哩就一定會有洋蔥和馬鈴薯再加上其他蔬菜，番茄則會視不同咖哩而加入，在印度番茄算是蔬菜之一而非水果。也因為蔬菜的選擇性少，所以醬料就顯得很重要了。

東亞食材哪裡買

最近幾年印度經濟慢慢開始變好，前往中港台的商人也變得比較多了，印度人也慢慢接受了中式料理。同時，近幾年也有愈來愈多中國、韓國及日本的工廠遷到德里或是公司外派在德里，這些韓商日商通常和家眷一起來，所以，對應的中式／韓式／日式食材也很容易入手，而中餐廳、韓國餐廳、日本餐廳相對也變多了。

目前在印度的一、二線大城有很多地方都可以買到東亞的食品及食材了。大部分大型的購物中心設有超市，裡面有許多東亞的食品及醬料類，以德里來說，除了購物中心外，亦有 INA MARKET、MODERN BAZZAR、BIG BAZZAR、Yamatoya、Vasant Vihar C-Block Market、Basant Lok、BG Food Mart 及 Majnu-ka-tilla 等大大小小的超商。

- **INA MARKET**：位在南德里，就像以前台北的晴光市場。這裡有新鮮蔬菜、水果、雞肉、羊肉及海鮮和其他乾貨等。大部分店家都會說一點中文，有一回我想去找豆豉醬／豆瓣醬，店家一看到是華人面孔，也不等我問，就直接劈哩啪啦地說了一堆這裡有賣的東西，像麵條、速食麵、醬油、米酒、辣椒等。在 INA 也可以買到韓國泡麵、日本拉麵，及其他熟悉的醬料，也有日本的哇沙米、味噌及各式各樣的韓國醬料，還可以買到水餃皮。

在德里冬天時，這裡也是個買火鍋料的好地方，從肉片（雞肉或羊肉，而非豬肉或牛肉）到火鍋鍋底都有，一應俱全。夏季開始時（四月到九月）則不建議在這裡買生鮮肉品食材，因為這裡就像是傳統市場，生鮮肉品並沒有大型的冷藏庫可以冷藏，即使有，但因為夏天常停電，所以肉很容易變質而看不出來。夏季可以去其他大型商場內的超市購買生鮮肉品。

- **MODERN BAZZAR**：為德里ＮＣＲ區第一家老字號連鎖超市，從 Vasant Vihar C-Block Market 起家，已經有四十多年的歷史了，在 Modern Bazzar 可以買到各式各樣的進口或當地食材，也有賣茶、麵包。除了總店之外，目前還有的六個直營門市，外加三個旗艦店：SAKAET SELECT CITYWALK MALL 及 Gurgaon in DLF Phase I 及 CyberHub。二〇一六年開始提供線上服務，透過線上購買，還會有五至二〇%不等的折扣，真的很方便。
- **BIG BAZZAR**：和台灣的家樂福很像，總部在孟買。從服飾、家用品、廚具到食品至超市都有，在全印度合計約有二五六個門市。也有線上商店，不定時會針對特定商品特價。
- **Yamatoya 大和店**：日本商店，在二〇〇二年由日本人經營至現在。目前除了位在南德里的 Safdarjung Enclave 本店外，在古爾岡亦有門市，除了販售日本米及日本進口的商品外，也與印度當地合作有機食品，每週固定幾天在特定的時間點賣新鮮豆腐。這裡是除了 INA 外，第二個深受當地外國人喜愛的地方。
- **C-Block Market**：簡稱 C-Market。位在南德里的高級住宅區 Vasant Vihar 內的Ｃ區

（C-Block）。除了主要的使館特區外，Vasant Vihar 區也有其他國家的使館進駐，來來往往的幾乎都是外交官，所以除 INA 外，這裡是第二個比較近距離可以採買到進口貨品的地區了。這裡賣的食材較 INA 來得貴一些，若時間夠，還是建議去 INA 或其他商店買比較划算。

- **Basant Lok（即 Priya Market）**：在南德里的高級住宅區 Vasant Vihar 區，除了有電影院、速食店、各式餐廳、酒類販賣店，亦有 Modern Bazzar 的門市，有點像是戶外的購物中心，算是南區高級住宅區另外一個可以用餐及吃飯的地方。
- **BG Food Mart**：韓國超市，跟日本超市位在同一區，種類選擇性比較少，但仍可以買到一些還不錯的韓國產品。
- **Majnu-ka-tilla 西藏村**：離德里中心比較遠，位在北德里。西藏村有賣包子、白麵條、西藏麵包（Balep Korkun）和藏式饅頭（Tingmo）及從中國及韓國進口的各式泡麵、老乾媽和乾式麵筋，大部分以藏食食材為主。冬天時有些餐廳也提供火鍋。

疫情前，在實體超市可以買到大部分食材，少部分則可以透過 bb（big basket）線上購買。在疫情期間發展出各種生鮮蔬果電商平台，也可以買到很多蔬果及我們常用的醬料了，這些醬料來源除了本地製造，也有從泰國、韓國、馬來西亞等地進口，比以前方便許多。

常用外送平台&食材購物網站

生鮮蔬果及食材外送網路平台：

- **Licious**：www.licious.in
- **TenderCutS**：www.tendercuts.in
- **Fipola**：www.fipola.in
- **Amazon**：www.amazon.in
- **Flipkart**：www.flipkart.com
- **Meatigo**：meatigo.com
- **NatureBasket**：www.naturesbasket.co.in
- **YAMATO-YA（yamatoya.in）**：可以買到品質還不錯的豆腐
- **Seela Mart（seelamart.in）**：韓國商店
- **Big Basket（www.bigbasket.com）**：線上蔬果店

常用食物外送平台 **App**：

- **Uber Eats**：www.ubereats.com/ca/near-me/indian
- **Swiggy**：www.swiggy.com
- **Zomato**：www.zomato.com
- **Foodpanda**：www.foodpanda.com

· **FreshMenu** ·· www.freshmenu.com
· **Box8** ·· box8.in
· **Oota Box** ·· www.ootabox.com
· **Dunzo** ·· www.dunzo.com/bangalore
· **Tapzu** ·· tapzu.in

及其他各餐廳、速食店各自的 App

5-5

印度人這樣穿

在印度生活久了，順應著氣候自然而然就會穿起當地的服裝。在德里，一年中只有十二月至一月才是真正的冬季時分。冬天時平均溫度會在十度至十五度間，但二〇一九年十二月的溫度曾下探到四度。除了這段時間外，其他季節仍是非常炎熱的，所以上班服裝基本上我都穿著「庫塔」的上衣，搭配牛仔褲或棉質長褲。同時由於安全的問題，平時幾乎以褲裝為主而非裙子，除非婚宴的場合，才會穿上當地的裙子或紗麗赴宴。

服裝材質料子有很多種，有純棉織品、絲綢品、雪紡絲、羊毛織品和人造絲（嫘縈、化學棉）等。這些材質會做成上衣、褲子、紗麗、圍巾、長巾（度帕塔 Dupatta）、蕾恆噶秋麗（Lehenga Choli）等。夏季天氣炎熱，則以純棉褲塔上衣、莎爾瓦（Salwar Pants，寬鬆的燈籠褲款，別稱阿里巴巴褲）或是雪紡絲的上衣搭配度帕塔為主。在冬天，天氣比較冷，則以斗篷、披肩（純羊毛或是人造絲（嫘縈））材質，搭配毛衣及毛料的庫塔上衣為主。

印度女性的傳統服飾

印度傳統服飾十分耀眼，鮮豔的顏色上身，除了能讓整個人都閃亮起來外，也能展現獨特的魅力。我在印度最常穿著庫塔，因為炎熱氣候下，穿著這身最舒適及安全。而紗麗確實能將女性嫵媚的風情完全襯托出來。

庫塔

庫塔/庫緹（Kurta / Kurtis）是大部分印度女性常穿的傳統上衣，通常比一般襯衫要來得長一點，長度從遮屁股、大腿一半至過膝蓋都有。材質以棉織品為主，絲綢或雪紡絲次之。我在德里或在城市間移動時，都是上半身穿庫塔，下半身搭配牛仔褲為主。

紗麗

紗麗（Saree / Sari）是一條長約四至九公尺，寬一．二五公尺左右的一塊布，材質以純綿、絲綢和雪紡絲三種為主。紗麗的花紋設計則有四十多種以上，不同地方花紋的樣式也不同，如芭魯恰麗（Baluchari saree）的紗麗上會呈現神話故事、貝拿勒斯（Banarasi saree，是瓦拉納西〔Varanasi〕的舊名）絲綢上帶有精緻的彩色條紋和圖案、蔻塔（Kota saree）是拉賈斯坦邦貴族式的繡花方式，用金線在紗綢類布料上繡花、阿薩姆的金絲慕嘎（Assam Muga Silk saree）絲綢由野生的金黃蠶絲製成，只產於阿薩姆邦等，其中以阿薩姆的金絲慕嘎和瓦拉納西的貝拿勒斯兩種紗麗最有名且最昂貴，因為手工所花費的時間最久且也最多。

紗麗是一塊長長的布，兩側有滾邊，布上有各式各樣的刺繡，這一大塊布再分成上半身及下半身使用的部分，一是上衣使用的（上

衣又稱為秋麗），第二部分就是從腰部圍裹著身體成裙狀。大部分可以做些變化的是上衣秋麗這部分。秋麗上衣的設計有很多種，大部分是前扣，也有的是後扣式。背後的設計圖樣也很多變，像短袖樣式和搭配的滾邊等等。這些秋麗的設計都有目錄可供客人選擇，然後再和裁縫師溝通後，做出屬於自己想要的獨特款式。

每個地方穿紗麗的風格可能都不一樣。穿紗麗時，裡面會先穿上襯裙，並打七個縐褶後，再把這縐褶反折回到腰部上，剩下的末端再以不同方式反披回肩上。

關於芭魯恰麗

十八世紀，當時的孟加拉的納瓦卜人（Nawab）Murshid Quli Khan 從孟加拉國一路帶來了這特別的編織技術，並在西孟加拉邦的 Murshidabad 鎮的 Baluchari 村內建立了一個編織村。這就是芭魯恰麗（Baluchari）紗麗的發源地。然而，改朝換代（英國開始統治印度）及天災（村子被洪水淹沒）的因素下，只能遷村到 Bishnupur，並在 Bishnupur 繼續把這技術流傳下來。所以大家都誤以為 Bishnupur 是 Baluchari 紗麗的發源地。

印度男人的服裝

印度男性的服裝並不像女人有很多變化，男人穿得很簡單，不論春夏秋冬皆以襯衫為主，搭配西裝褲，冬天冷時頂多再穿上毛衣和外套。一般中產上班族，上班時以襯衫配西裝褲為主；非上班期間會穿T恤或POLO衫搭配著牛仔褲；而傳統印度服飾高領長外套、頭巾、無領長袖襯衣等等，在重要場合如婚禮上才會看到。

上班時的服裝

印度東、西、中、南、北印穿的服裝皆不太相同，但大致來說，上班服及休閒服有一定的區隔。以男士而言，在大型都會區八〇%都會穿著「燙好的襯衫」，配上休閒褲、西裝褲或牛仔褲；女士則較具多變化，從西式完整

的套裝（褲子為主）至傳統的印度服飾（庫塔或紗麗）皆有。

大型的公司可能會要求女性員工穿著正式服裝如襯衫、線衫等褲裝，但不會強制要求穿「裙子」，另外，若真要穿裙子上班，則需在膝蓋以下的長度，不可以高於膝蓋。原因除了安全理由外，還有就是敬神。但現在在大城除了傳統服裝外，也愈來愈多人穿著T恤及牛仔褲。

有一次我的加拿大女性友人來德里支援總公司半年，在進印度辦公室報到當天，她穿著和加拿大一樣的上班服（襯衫配上膝上短裙），結果在中午時間就被印度藉的人資請了進去，說明在印度不可以穿短裙上班。我的朋友心裡直納悶，傳統的紗麗可是露肚子的！那樣穿就可以？

順應印度的風俗民情，女性皆以褲裝或是長及腳踝的長裙為主。除了西式褲裝外，印度傳統服裝秋塔爾（Churidar Pants，緊身內搭褲）、莎爾瓦和庫塔，搭配一條度帕塔，也是另外大家會選擇的上班服。至於鞋子，除了西式包鞋外，大部分的人在上班時會穿著涼鞋、拖鞋上班。其實在印度公司，若是業務會以西式服裝為主，但若是內勤人員，則沒有那麼強制的規範。

婚禮或重要場合的服裝

二〇一八年與員工們及辦公室同事一起參加房東嫁女兒的婚禮，宴會時間在晚上九點，

婚禮地點在德里南區，此區算高級地段，只見一輛一輛豪車載著穿著高檔紗麗及西裝的印度賓客，陸續抵達會場。

現場每一位女性都穿著各式各樣鮮豔且高檔的紗麗或是蕾恆噶秋麗（Lehenga Choli 或稱 Ghagra Choli）參加，搭配大型的耳環、項鍊；男性賓客則是高級西裝或是印度傳統服裝「庫塔配上秋塔爾」，整個會場就是喜氣洋洋，繽紛絢麗。

會場的焦點人物新娘，則是穿著新娘服（蕾恆噶秋麗）出現在會場，整套的新娘服從上衣、長裙到長巾（度帕塔）以金絲繡、水晶、寶石做裝飾，身上亦配戴貴重的金飾項鍊、耳環、頭墜、手環以襯托出喜氣。

新郎則是穿著一件長及膝且兩側開衩的長衫「舍瓦尼」（Sherwani）搭配秋塔爾陪在身旁。舍瓦尼在婚禮上一般是以金黃色為主，奶白、象牙次之，不論哪種顏色，大多繡著金色或銀色的邊，以討喜氣。

在婚禮時，就可以看到此婚禮舉辦方（我參加的這場婚宴是由女方主辦）的人脈及金錢實力了，整個婚禮就是金碧輝煌、閃閃發亮。

關於蕾恆噶秋麗

蕾恆噶秋麗（Lehenga Choli）是由一件短袖上衣（秋麗，Choli）和一條長裙組成的服裝。在大城，若在重要場合，女性會穿著蕾恆噶秋麗赴會；在拉賈斯坦邦和古吉拉特邦則是當地婦女主要穿的傳統服飾。在旁遮普有一些人跳民間舞蹈的時候也會穿這種服裝。

5-6

印度的交通

印度東西南北中的交通樞紐大致是如下大城，北印：德里、昌迪加爾、齋浦爾、勒克瑙，東印：加爾各答、巴特那、蘭契、布巴內什瓦爾，中印：賴布爾、博帕爾、印多爾（Indore），西印：孟買、納加普爾（Nagapur）、甘地納加，南印：海德拉巴、清奈、班加羅爾、哥印拜陀（Coimbatore）、馬杜賴（Madurai）等大城市為主。

總體而言，印度的交通路況相較以往已改善許多，目前在印度的一線大城連外道路都有較好的高速公路與其他大城市連接，所以路況都還可以接受。然而，若去到比較小的城市，公路路況便仍待改善，要有心理準備會遇到道路不平、塵土飛揚、碎石路等路況，但和我剛進到印度的前幾年比較，印度交通已經進步很多了。

因各地天氣不同，若在十一月至一月底這段期間來到北印，傍晚可能會有濃霧及霾害，飛機甚至可能因氣候因素誤點或取消。而此時火車誤點的機率就更高了（在印度火車常會誤點，這是常態），但 Shatabdi Express 及 Jan Shatabdi Express（特快列車）誤點機率非常小。總之，在印度搭乘任何交通工具時，建議都要預留多一點的時間。

有一次，有一位商務客前往安巴拉（Ambala）出差，向我們租了一台車，臨時安排要前往賈朗達爾（Jalandhar）見客戶，結果途中遇到當地有 VVIP 貴賓通行，所有的車都被要求繞道及部分道路封鎖，司機無法在預定的時間抵達飯店接他，我們緊急安排了另外一輛在飯店附近的車子，終於順利接他上車，此時已延誤了半小時左右了。但幸好這位商務客預留兩個小時，最後順利抵達目地的。

長程移動

印度的鐵路及公路涵蓋整個印度土地，是跨邦主要的移動方式。當然印度也有國內線飛機，但有些地方，如喜馬偕爾邦、錫金邦和北北印喀什米爾區，也因處於山區及邊境的安全考量，幾乎是沒有鐵路的。喜馬偕爾邦（全境屬於喜馬拉雅山區），只有少數城市有火車站、也沒有飛機可到（除了達蘭薩拉）；錫金邦及喀什米爾區有各自的機場（甘托克機場〔Gangtok Airport〕、斯利那加機場〔Srinagar Airport〕）但沒有火車可到。這三個地區大多數都只能利用公路才可抵達，扣除山區不便等因素不說，印度的交通建設整體說來還有很大的進步空間。

在印度，長程移動的定義是超過十小時才叫長程，若是五小時之內的，在印度都算是「短程距離」，如德里－齋浦爾、齋浦爾－烏代浦、孟買－浦那、蒂魯帕蒂－清奈、亞美達巴德－巴羅達、勒克瑙－阿格拉等，這些都是很近就可以抵達的距離。

若預算足夠，可以選擇搭乘國內線飛機，若預算不足就搭火車或巴士。但是，有時就算有錢也沒有飛機可搭，因為要前往的地方可能沒有機場，如喜馬偕爾邦的西姆拉、馬納利（Manali）等地。若交通時間約在十二小時內，且只有鐵道及公路可達，如果時間有限或訂不到火車票，夜舖大巴或包車也是另一種不錯的選擇。

也有些地方只有飛機和公路可達，而沒有火車。有一次幫朋友安排從德里搭飛機前往達蘭薩拉（一天只飛兩班），航班因氣候不良取消了，要候補第二班飛機，結果第二班完全客滿，補不上，所以緊急安排了一台車子，以包車方式前往山城。當天花了近十二個小時才抵達。這類班機取消的狀況尤其是在十一月至一月的北印最常發生，因為北印冬天山上容易起大霧，影響到飛行的能見度。我自己經常搭著夜舖大巴走訪喜馬偕爾邦，因為這裡火車的班次有限，以公路來做為主要的交通工具反倒更方便。

印度的公路巴士有很多種，其中有公營及私營，若要前往喜馬偕爾邦，建議搭乘公營巴士，票價和民營的差不多，但安全上有保障且也很舒服。民營的班次比公營的多了一些，但若沒必要，還是建議選擇公營巴士更為妥當。

若在相同邦內移動，可以選擇當地公車（無冷氣）做主要的交通工具，除了票價便宜外，班次也多，很方便。記得之前去久德浦及烏代浦時，就搭了當地的公車，五小時就從烏代浦直接到了久德浦，而且沒有誤點。提醒大家，若要搭當地公車（無冷氣）在相同一邦移動時，最好還是選擇在白天移動，雖然會浪費五、六小時，但白天永遠比晚上更安全一些。

從五小時到十小時的巴士車程

德里是通往其他北印城市主要的出發站。有些城市是火車到不了的地方，也只能搭長程夜巴前往。這些長程巴士至少都是十個小時以上的車程，例如，從德里前往喜馬偕爾邦、北阿坎德邦、錫金邦和北北印喀什米爾區等地。這些地方或許沒有火車，或班次很少，並不方便，抑或是在同邦的兩地的接駁，此時印度人多半會選擇搭乘客運巴士前往。而像是瑞詩凱詩或赫爾德瓦爾等瑜伽聖地，除了搭乘火車之外，搭乘巴士前往也是另一種選擇。

回想我第一次印度旅行，來到瑞詩凱詩住在 Ashram（印度教中的靜心村或修道院，詳情請見本書第39頁），一晚一百盧比。之前以為背包旅行經驗豐富的自己所向無敵，沒想到不曾住過 Ashram 的自己，一看到沒有床舖得睡水泥地如同監獄一樣的房間，還有要蹲著的印式廁所……我原訂要住三天才移動到西姆拉，豈知在瑞詩凱詩的 Ashram 只住了一晚，便當機立斷，重新扛上背包，前往西姆拉。

西姆拉是喜馬偕爾邦首府，從瑞詩凱詩到西姆拉，必須要先回到赫爾德瓦爾才能搭巴士前往西姆拉。好不容找到赫爾德瓦爾的巴士站，一堆人突然擁上來問我要去哪裡，同時自己的目光也在找尋傳說中的售票亭。這時找到了一位看起來像巴士上的車掌先生，問他到西姆拉要多久？他回答我：五小時。我翻了手上的旅遊指南，上面寫著要十小時。我直覺認為當地人的話比較可信。車掌先生說車子在十分鐘內會開車，並指著後面的巴士告訴我是那台車（像極了小時候沒有冷氣的待報廢公車）。時間是下午兩點半，我算了一下，大約晚間七點半就可以到達西姆拉，抵達後還有時間可以找住處，就直接買票上車。

巴士一路蜿蜒上山。車子邊開我邊睡，就在睡睡醒醒間，大約晚上七點半了，看了一下窗外，天色已暗，但感覺不太像在山中，問了車掌先生，他只回答快到了。而時間也從晚間七點半慢慢走到十點半，車上的旅客從滿坐，到後來不到十個人。大約晚上十一點左右，三、四個有酒味的醉漢上車，車掌先生從前面走了過來，說了一堆印文，同時手指著我的大背包，叫我背起來。我以為到終點站了，沒想到他只是要我往前面坐，不要坐在醉漢們附近。又這麼晃了兩個多小時後，終於抵達終點站西姆拉，時間為凌晨一點……自此讓我下定決心，下次還是得相信旅遊書上的資訊。

後來真的在印度生活後，才意識到印度人是沒有車程時間觀念的。長程巴士路途長，途中有時也會塞車、道路施工或下雨積水等各種突發狀況，或是在休息站停留休息上廁所，所有因素加起來，對於時間的掌握會比較弱。另一方面，印度土地大，每個人來自不同邦或城市，對於時間的定義有時候也會不一樣，比如，約十點見面，有人定義是十點從家裡出發，十點半才到。後來印度朋友們知道我的時間定義後，約幾點就是幾點會在餐廳碰頭，也會盡量配合準時到。

搭機VS.搭車

印度有很多航空公司飛國內線，如IndiGo（靛藍航空）、SpiceJet（香料航空）、Vistara（塔新航空）、Air India（印度航空）、GoFirst（捷行航空）等，這些航空公司幾乎飛遍了整個印度，也因為如此，不時有飛機提早或延後起飛的狀況發生。飛機票除了經濟艙外，有些也有商務艙或豪華經濟艙，但這兩種艙等並沒有與經濟艙有「分開」的空間，也就是說從第一排到第三排是屬於要付費的商務艙或豪華經濟艙（可能需另付三百至七百盧比不等），第四排就是一般經濟艙。商務艙或豪華經濟艙的座位可能比經濟艙「寬一點」。飛機上的餐食幾乎都需要另外付費，但若是最後一刻才買的機票，餐食可能是免費的。另外，印度的機票是會隨時浮動的（上調），即使先訂好位子，但票價仍會上漲（不像台灣訂了位即固定了票價，印度完全不走這個模式）。所以在為客人報價時，我們都會註明票價會隨時浮動，待實際開票時才會確認票價。

搭飛機最大的好處就是省時，但壞處是可能會有取消的風險。若從德里去齋浦爾，通常我會安排包車方式前往，而非搭機。因為在印度機場一般報到時間為提前二小時國內線、三小時國際線；從德里到齋浦爾搭車（大巴或包車）大約五小時就會到，但若搭機前往，則需提早一小時起床，然後二小時在機場，實際飛行時間五十五分鐘，加總起來四小時，雖然比搭車少了一小時，但還要承受飛機可能因天氣、機械因素，而導致延誤、取消的風險，不如直接包車前往要更好。

另外，若要從德里前往南印如班加羅爾，當然最好搭機前往，飛行時間也要近三小時呢，若搭巴士應該要四十八小時（中途不塞車）。搭火車則約三十八小時。

複雜的火車

印度火車密度很高，以北印度而言，大部分的火車都會經德里再以放射狀方式延伸至其他城市。以德里市而言，有

一、德里環狀鐵路 Delhi Ring Railway（建造二十年，但截至目前為止尚未開通營運）

二、印度國鐵 Indian Railways（連接到其他聯邦）

印度國鐵的火車種類很多，大致分為三種：Mail／Express（快車），Ordinary（慢車）及 Shatabdi Express／Jan Shatabdi Express（特快列車，誤點機率非常小）。

車廂大致分十個不同等級：

- **EA**：Anubhuti class（冷氣頭等座椅車廂〔比 EC Class 再大一點的椅子空間〕）
- **1A**：AC First Class（冷氣頭等臥舖車廂）
- **EC**：Executive Chair Car（冷氣頭等座位車廂，像台灣高鐵）
- **2A**：AC 2 Tier（冷氣，二等雙層臥舖）
- **3A**：AC 3 Tier（冷氣，三等三層臥舖車廂）

- **CC**：AC Chair car（冷氣座椅車廂，像台灣自強號）

以上皆是有冷氣的廂等，以下艙等則多半無冷氣：

- **E**：AC 3 Economy（經濟冷氣〔溫度在攝氏二十四至二十五度〕三等三層臥鋪車廂，未必每個列車都有此廂等）
- **FC**：First Class（頭等臥鋪車廂，和 1AC 很像只是沒有冷氣，比較少見）
- **SL**：Sleeper Class（無冷氣、窗戶可開的臥鋪車廂）
- **2S**：Second Seating Class（無冷氣、窗戶可開二等座椅車廂，像沒冷氣的自強號）

而臥鋪又分為上鋪（UB）、中鋪（MB）、下鋪（LB），走道旁的側邊上鋪（SU）、走道旁的側邊下鋪（SL）等五種。

而以上的車廂艙等，未必每個列車都會有，例如：

德里前往瓜廖爾（Gwalior），廂等以1A、2A、3A、CC、3E、EC、SL為主；

德里前往巴羅達（Baroda / Vadodara），廂等以1A、2A、3A、2S、SL為主；

德里前往古瓦哈提（Guwahati），廂等以1A、2A、3A、SL為主；

德里前往馬圖拉（Mathura），廂等以1A、2A、3A、3E、CC、EC、SL、2S為主。

德里市目前有四個主要大的火車站，分別是：新德里火車站（New Delhi Railway

Station, NDLS）、舊德里火車站（Delhi Railway Station, DLI）、尼桑木丁火車站（Hazrat Nizamuddin Railway Station, NZM）以及安楠得維哈火車站（Anand Vihar Terminal Railway Station, ANVT）。如果第一次到印度，且不孰悉印度火車搭乘，建議提早一小時到達火車站，因為像 NDLS 的月台就多達十三個，需要花費一些時間找月台。

目前在德里各火車站的大廳都設有 LED 火車時刻表，相較十年前進步了許多。然而雖有 LED 告示牌，但火車可能會臨時換月台，所以，也要仔細聆聽，不時發出的廣播訊息，若找不到火車月台時，可以向附近的旅客或是穿制服的工作人員詢問，也可以找穿著紅色上衣、手臂上有金牌臂章的挑夫們請求幫忙。

當火車座位被霸占時……

在印度搭火車，霸占對號座位的事件時有所聞。

話說一位台商趁著十二月的三天連假，訂了由德里到卡修拉荷（Khajuraho）的火車，他的想法很單純，認為既然是搭夜車，只要睡一覺，隔天睜眼就到了。

他的司機告訴他，從南區的 Vasant Kunj 到新德里 NDLS 火車站只要「三十鐘就到」，他離開辦公室的時間是晚間七點，而火車發車時刻是八點十分，他認為可以相當從容地抵達車站。但沒有想到所謂的「三十分鐘」，是在假日沒有塞車、綠燈直行、司機沒有踩煞車的情況下才能達成。當天是十二月二十二日星期五，聖誕節連假三天的夜晚，一堆人一堆車塞在路上要慶祝過節。最後到火車站的時間是八點七分，距離發車只剩三分鐘。NDLS 車站是新德里主要的火車站，共有十三個月台，他必須在短短的三分鐘內，要迅速找到搭乘的列車月台，手中還拎著一個中型行李箱。

火車站因為月台多，有時火車停靠的月台又會在最後一刻更改。外加上，印度火車平均大約有十五到二十節的車廂，還有艙等也都不同，該如何在這短短三分鐘內找到正確座位？

最後他請一位挑夫（身穿紅色上衣，手臂綁有金牌臂章）幫忙，他把火車班次告訴挑夫，挑夫二話不說，直接把他的行李箱頂在頭上，跟台商說：「跟我走！快！」

這位已經六十多歲的台商，就一路跟著挑夫，以衝百米的速度在月台上狂奔。最後，這位挑夫在火車發車前找到了列車，並帶著他進到車廂內，也幫他找到了座位。最後，挑夫跟他要了兩百盧比小費（一般一件中型行李約五十到八十盧比），台商想了想，在這麼短的時間幫他找到火車也找到座位，確實值兩百元，也就付錢了。

由於在最後一刻才上火車，他的位子已經坐了人。台商很客氣地跟這位印度人說：「先生這是我的位子。」哪知對方手指十點鐘方向，要台商去坐他的位子（在上層），同時跟台商說，他在吃飯中不要吵他。台商再說一次請他移位，對方仍不為所動，這次台商用比較強勢的口氣請對方離開，對方竟回「so what」，同時往左挪了一些空間後，就起身去找列車長，列車長前來之後向台商說：「晚上九點前大家都可以坐在你的位子上。」

聽了這話，台商半信半疑，只好繼續坐等自己的位子。等著等著發現過了九點，占位的印度人還是沒有要移動的動靜，又過了十幾分後，台商再也忍不住了，說：「時間過了，我要睡覺了。」對方仍不為所動，到後來是對面臥舖的印度老人對他說了幾句，對方才終於慢慢移動坐回自己的位子，總算結束這個坐位被霸占的戲碼。

在印度，目前仍有很多人對於「買座位的認知」有不同的解釋。有些人對於「買票劃位」的定義是，花了錢隨便坐就可以；也有些人是故意裝作不知道，可能他買的位子不喜歡，想坐靠窗，所以坐了別人的位子；也有可能年紀大，隨便坐一個喜歡的座位，大部分印度人都會尊敬年長者，即使對方坐錯的位置，通常也不太計較。

若有機會在印度搭火車遇到類似的狀況時，可以提高音量說：「這個人坐了我的座位，但是不還給我。」引起其他旅客注意，藉其他旅客的聲援，把自己的位子要回來。若對方仍厚著臉皮不走，那麼也可以用厚臉皮的方式，直接坐下去不管他的反應。至於列車長說的九點之前任何人都可以坐你的位置，其實在火車上若非睡覺時間（晚上十點），那麼上中下三層中間那層臥鋪，確實是不能放下來的，因為放下來就不能坐人了。但也不是如同列車長所說：「任何人都可以坐你的位子」。即便是在印度，買票的人就是買了這個位子的使用權。

市區交通

原則上為安全起見，公司都會安排租車公司（月租）給外派台幹們做為保母車／代步工具，上下班都有專車接送。假日也可用 Uber Taxi 叫車。大多數外派台幹能自己搭地鐵或 auto 的人不多，搭公車的人更少。

目前在德里或其他大城，公車已隨印度政府的政策改為電動公車了，尤其是這兩年半隨著疫情推出很多新政策，如電動車（電動公車、電動摩托車、電動人力車）逐漸取代之前的汽油及柴油車。目前人力車在德里已非常少見，只會在一些聚集地或舊德里區才看到。也有很多人使用共享電動腳踏車（利用 App 訂車）。在德里，除了公車外，地鐵是目前很多人的主要交通工具。相較 auto 或 Uber Taxi、Uber Auto 來說，地鐵除了不會塞車外，也很方便和便宜。

班加羅爾市的地鐵仍尚未完全完工，故不像德里那麼多條線。另外，班城市區的路比較小，出了市區就好很多，但在上下班交通顛峰時間，塞車的情況很嚴重。所以若有地鐵可到的地方就會以地鐵為主，公車、auto、共享 Taxi（Uber、Ola、Meru）為輔。

孟買市因為地形的關係（長形），當地人會以火車（通勤列車）及地鐵互相搭配為主要的交通工具，公車及 auto 為輔。

其實不論哪個城市，只要下雨就肯定大塞車或水淹至馬路上，這些幾乎都是大城的通病。所以只要當天下雨，一定要早點叫車或早點出門，不然肯定叫不到車或碰到大塞車。

德里的交通

德里市的主要交通工具有地鐵、公車（有冷氣公車、無冷氣的電動公車）、人力三輪車、電動三輪車及無線電計程車（Uber、Ola、Meru 等）。人力三輪車（rickshaw）集中在舊德里或是人口聚集的小區間，一般需要喊價；電動三輪車（auto rickshaw，簡稱 auto）也需要喊價，對於剛來印度的人會有一定的難度。無線電計程車相對容易一點，只要在手機下載 Uber、Ola、Meru 的 App，即可直接叫車。目前 Uber 也推出 Uber Auto 比 auto 來得方便，並且不需要喊價，按里程付費即可。

現在德里地鐵規畫得非常完善且四通八達。目前德里市內一共有九條地鐵（和一條機場捷運），外加在古爾岡和大諾伊達這兩區在市區再延伸出的兩條輕軌，共十一條線，從早上五點半運行到晚上十一點半。這十一條地鐵線不只連接起德里市，並延伸到古爾岡和大諾伊達，整個德里 NCR（大德里都會區）都以地鐵連接起來了。

在我剛進入德里發展時，當時只有一條地鐵（紅線），且只營運在中心德里（東西向）而已，並沒有南北向的地鐵，若要從南德里前往中心德里，都需要搭電動三輪車至少一個小時以上才能抵達。後來，二〇一〇年黃線（南北向）開始貫穿整個德里市，才讓德里生活圈從北到南、從東到西都動了起來。

德里地鐵截至目前為止約二八六個站（持續增加中），在疫情前每天約莫六百萬人次以上利用地鐵通勤。疫情後，每天也約有四百五十萬人次通勤，預計會慢慢回到疫情前的載客量甚至更多。黃線（南北向）為目前最大的載客量，其次是藍線（東西向）。

地鐵的起跳票價為十盧比，有 Smart Card 可以儲值使用。Smart Card 新卡首次要付二百盧比（含五十盧比押金，可退還），每次加值兩百至兩千盧比。在疫情期間也在每個地鐵站增加了一些自動儲值機，若沒有零錢或不知道如何操作，有專人在旁幫旅客儲值，非常方便。

儲值卡加值小心受騙

德里地鐵也有如同台灣悠遊卡的儲值卡「Smart Card」，若餘額不足則無法進入車站。每天搭德里地鐵的人很多，通常在發現餘額不足時，大家都是匆匆忙忙去服務櫃檯給了加值錢後，就直接進到月台，不太去看更新後的餘額。

我的朋友住在藏村附近，這裡每天搭地鐵來往的旅客及外國觀光客非常多。有一天，她趕著去學校上課，發現Smart Card內餘額不足，無法進站，所以急忙去服務窗口，請站務人員幫她加值兩百盧比（她給對方五百盧比），站務人員找了錢，但沒有給她收據。她匆忙刷卡進站（一手仍拿著找回的錢）。在進站時瞄了一眼餘額，發現只有一一〇盧比（應該為二一〇盧比），且站務員只找回給她兩百盧比而非三百盧比，所以她轉身回到站務窗口，要對方提供收據，並請他退還錢。站務人員不願意印收據，也不打算還錢。當時是上班時間，很多人排在她身後要加值，但都被擋住了，這些人要她大事化小、小事化無。她跟所有排隊的乘客們說，這一站有很多外國人進進出出，若是她今天不把他的惡行揪出來，將來還會有很多外國人被騙，對印度是非常不好的形象。周圍的人聽了後，也跟著要求站務員退錢，並請主管前來處理。後來透過監視器畫面，確認站務員動手腳，我的朋友終於把錢拿了回來，這位站務員也在沒幾天後被調走了。

在德里地鐵站內都設有「查詢餘額」的機器，進站前不妨查一下，以防被騙。

5-7

在印度看醫生①現代西醫

我在印度時曾到西醫看診過，也有過阿育吠陀的醫療經歷，在此與大家分享我的經驗。而阿育吠陀的經驗則在下一節分享。

我的登革熱看診經驗

二〇一〇年我得了登革熱。當時只是覺得和一般發燒沒兩樣，只要多喝水、洗熱水澡就沒事了。當天還有台商的聚會及上課，所以，我連藥也沒吃，就直接出門了。但在中午吃飯時，我整個人感覺就像泡在溫泉中一樣熱呼呼！心裡只想著，「完蛋了，發高燒了！」撐了一天，回到住的地方時，整個人頭重腳輕，吃了退燒藥倒頭就睡，心想隔天應該就退燒了。隔天一早起來，體溫仍在四十度上下，頭很痛，且又多了喉嚨痛的症狀，但當時我仍未自覺得了登革熱，覺得只是一般感冒。當天仍是行程滿檔，忙了一天後回到住處，再吃退燒藥，也睡了一覺，就這麼昏睡超過兩天，期間仍是高燒、沒有食慾、想吐、喉嚨痛、全身無力。直到第四天，在台灣學醫的姊姊覺得，高燒不退，很不對勁，叮囑我可以下床時，怎麼樣都要拖著身體去看醫生，她懷疑不是單純的發燒。但是，因為我知道印度的醫院針頭清潔程度可能不若台灣，同時也很害怕抽血（因為血管很細，每次在台灣抽血都要被扎個幾針才能抽成功），結果又硬撐了一天，後來身體狀況好點後，還是自己一個人搭上 auto 三輪車去看了醫生了。

我直接去了最近的貴族醫院掛號，等待期間，看了前方登革熱的宣傳防治海報，發現那些得到登革熱的病狀自己好像都符合，我腦海中浮現「會不會得到登革熱了？」沒多久輪到我進診間，我問醫生：「我應該不會『得到了登革熱』吧？」醫生問了我一些問題、聽了我的狀況後，微笑著回覆我說：「我覺得你應該得到登革熱了。所以我們現在要來檢驗你的血液指數正不正常。」

接下來他開了一堆檢查單子讓我檢查（血液檢查項目一堆）。同時，他也提醒我，抽完血後不可以離開醫院（通常血液報告都要隔天才知道），要拿著抽血報告直接回診間來找他。我聽到要抽血，又回想起之前在台灣抽血的畫面，心跳都停了。還好運氣很好，一針就抽成功，但真的很痛，抽血處也淤青了！就這樣在醫院等了一陣子，我再度回到門診，醫生用很嚴肅的表情與口吻告訴我：「你若再晚一天來醫院，就會變成更嚴重的登革熱。」因為我的血小板值已經降到 120,000/mm3（正常值為 150,000 至 400,000/mm3），若再拖個幾天，恐怕血小板會降到 50,000/mm3，就會有出血與凝血功能失常的狀況。聽到醫生這麼說，我瞬間呆掉。醫生很好心地提醒我拿了藥直接在醫院服藥後再離開，然後連續五天都要去醫院做抽血追蹤檢查，以確保我的血小板值沒有再往下掉。另外，他還把他個人的手機電話寫在藥單上，囑咐我一旦血小板的值掉到 100,000 以下，要立刻打電話給他並辦理住院。我當下才覺得「事情很大條」，趕忙乖乖吃藥。

隔天體溫慢慢退到三十九度，後來又去了醫院抽血，並看了一下血小板的指數，幸好數值沒有再往下掉。就這麼連續五天，一天一天看著自己報告的數值慢慢往上，發燒與喉嚨痛的症狀也減緩了一點。但此時我的皮膚從手、膝及腳突然起了紅疹，蔓延到全身。皮膚有時還會發癢，在回診抽血時我詢問醫生，醫生提醒我不能抓，開止癢藥給我，並說紅疹的症狀會持續著幾天，這幾天仍是要多休息、多喝水。離開時醫生再次叮嚀我，要多休息把血液值拉回到正常指數。

就這樣又過了一週後，我的體力恢復了八成，再回診看醫生，醫生說沒問題了，但提醒我仍要小心再得到第二次，若再得到可能就不會這麼幸運了。同時也請護理師給我登革熱的宣傳防治單，叫我要小心注意。

經過這次生大病事件，只要在印度的六月到十月期間我都會特別小心保護好自己不要被蚊子叮咬，例如，穿長袖淡色上衣、穿長褲及擦防蚊液。所幸整個登革熱的發病過程有驚無險的平安度過，只是後來自己一直在回想，到底是什麼時候被蚊子叮上的？此後，我碰到六月至十月來印度的人，都會特別緊張提醒大家要注意不要被蚊子叮到這件事。

台灣的健保給付

我在得到登革熱後，又跑了一趟醫院請醫生開立診斷證明，返台時去健保局申請部分理賠，幸好沒有超過六個月（一百八十天）的時效，可以申請部分理賠。理賠程序很方便，只要把所有已繳費的正本收據都收集好，並蓋好當時看診的醫院章、醫生開立的診斷證明（可以先請家人在台灣問一下所需的文件）、護照影本、照片二張、當時出入境章的影本與退費匯入的帳戶影本，全部備齊後直接送去申請檢核。若受理成功就會補貼部分費用。

印度的醫院

印度有很多中小型的醫院、診所、中心及大型的綜合醫院，分別有公立及私立醫院。公立醫院通常沒有足夠的設備，且人手不足，所以在經濟許可下，大部分病人都會去私立醫院看病。

在私立醫院中，大型醫院收費最高，其次是中小型的醫院、診所、中心。對外國人而言，多會選擇大型的私人綜合醫院。這些大型的綜合醫院有些遍及全印度，有些則是只有在一線大城才有；中小型的醫院及診所遍布各城鎮，收費亦比較親民。

大型綜合型醫院

全印度醫學研究院（All India Institute Of Medical Sciences, AIIMS）是全印度大型合醫院中唯一的公立醫院，其他都是私人的。大型私人綜合醫院以 Fortis 醫院、Apollo 醫院、Max 醫院、Healthcare Global(HCG)、Shalby 醫院及 Narayana Hrudayalaya(NH) 這六個大型連鎖醫院為主，提供各科門診治療，部分醫院也提供醫療保險服務。其他區域性的大型醫院如 Lilavati Hospital-Mumbai、Tata Memorial Hospital-Mumbai、Sankara Netralaya-Chennai、Kokilaben Dhirubhai Ambani Hospital-Mumbai、Manipal Hospital-Bangalore、Moolchand Hospital-New Delhi、Medanta-Gurgaon、Sir Ganga Ram Hospital-New Delhi、Narayan Heart institute-Banglore、Paras Hospitals-Gurgaon、Sri Sathya Sai General Hospital-Puttaparthi、Aditya Birla Memorial Hospital、Ruby Hall Clinic-Pune 等。

私立醫院診療費比一般公立的貴上一些，比如 Max 醫院，掛號費就要一千五盧比起跳，看診費兩千五盧比以上起跳；同等級的 Fortis 醫院就比較親民一點：掛號費七百五、看診費一千五。這些私立醫院的醫生絕大多數都在國外完成實習甚至學位後，再回印度服務。私立醫院醫生的技術會比公立的醫院來得好一些。若真的要去公立醫院，也只有 AIIM–New Delhi 可以考慮；收入還不錯的印度高階或中產白領階級人士，除了選擇至一般診所外，也會選擇到私人醫院看病。大型醫院的整體乾淨度較小型醫療診所／醫院來得好，醫生接收的新醫療技術也比較快及穩定。有很多來自阿富汗、阿拉伯國家的病患都會到這些大型的醫院看病或做醫療手術，不只是收費相較於自己的國家便宜，醫師的醫療品質也更佳。如膝關節手術的費用在印度也比較便宜（約為國外三分之一的價格），印度也有做換腎的手術。

中小型醫院

印度的中小型醫院及診所幾乎都是區域型，且都是分科看診。比如說要看牙齒的，可以去市場的東區看醫生；若要看腎臟，就得到市場的西區看腎臟科的專門醫生；如果要抽血，就去專門做抽血診斷的診所抽血。看診方式跟台灣差很多，台灣只要去一家醫院就可以一次完成檢查及就診，而在印度，病人得四處奔波做檢查，完成後再將數據拿回醫生處做診斷。一般中小型醫院看診的收費從四百至七百盧比（或以上）不等。至於各科室檢查費用是另計的，比如驗血就要三百盧比、照超音波一千五百盧比以上不等。

如何在印度醫院看診

不論是去一般診所或是大型的醫院，都要先預約才能看病。預約可以用電話或網路完成。若沒有預約，有時在一般中型醫院不會讓病患看病。就跟台灣醫院一樣，若想要看的醫生已額滿，就只能掛號其他醫生，也沒有加掛的服務。

在進入診間前，護士先會量身高、體重，然後拿到預約號碼，等待進入診間。若是第一次在這家醫院看診，看診完後，大部分醫生就會開出完整的檢查單（即使只是個小感冒），比如抽血、驗尿等，就像做身體檢查一樣。印度不像台灣每個人都有ＩＣ健保卡，可以得知完整的病史及用藥資訊，印度每家醫院的系統都是獨立的，大型的醫院會建病歷電子檔，而中小型醫院甚至診所通常都只有紙本病歷。所以若是第一次到一家大型私人醫院看病，通常醫生會要求做完整的檢查，以建立資料。若換去其他醫院就診，也一樣要被抽血做資料建檔。有時經過醫院外面，不時會看到很多病人拿著病歷或X光片在馬路上來回穿梭的畫面。當然有些外國人未必會想要這樣重複做全身檢查，而轉到一般小診所看病。

若去中型或小型診所看病，醫師會要求看抽血報告或是去照X光、檢查超音波等，礙於費用及執照問題，通常會請病患去其他檢驗所或檢查中心做檢查（和拿藥一樣的道理）。要在看完醫生後，拿著醫師開的「檢查單」去附近的檢驗所去做檢查，然後等報告，報告出來後，再拿這些報告回到最初看醫生的診所，再讓醫生做最後的診斷及判定。不論大小醫院、診所，每次回診，都需要再付至少三百盧比以上的看診費。

App 預約或線上看診

疫情時期，大家也利用 App 預約或線上看診，以下是幾個常用平台：

- **HealthPlix**：healthplix.com
- **MFine**：www.mfine.co
- **Practo**：www.doconline.com/download-doconline-doctor-app
- **Lybrate**：www.lybrate.com

- **DocOnline**：www.doconline.com/download-doconline-doctor-app
- **Doctor on Demand**：doctorondemand.com
- **Amwell**：patients.amwell.com
- **Talkspace**：www.talkspace.com
- **DocsApp**：www.docsapp.in
- **Pristyn Care**：www.pristyncare.com

在疫情期間，也發展出線上買藥的電商，現在買藥也很方便了。常見線上購買平台如下：

- **NetMeds**：www.netmeds.com
- **1mg**：www.1mg.com
- **PharmEasy**：pharmeasy.in
- **Apollo247Pharmacy**：www.apollopharmacy.in
- **Medlife**：play.google.com/store/apps/details?id=com.medlife.customer&hl=en&gl=US

護理人員素質參差不齊

個人覺得印度醫生的素質普遍都還不錯，但護理人員的素質則參差不齊。在二〇一〇年時，朋友在餐廳吃了不潔食物而得到了傷寒，並送去德里的貴族醫院做治療。醫院收費在當時是四人房一晚一床兩千六百盧比。診療費、檢查費、藥品費都是另外支付。

雖說是超高水準的「五星級醫院」，但得到的卻是一星照護。例如護理師把藥放在桌上就走，卻沒有和病人說明何時服用；或是點滴瓶即將打完，按鈴請護理人員來更換，但來了一個不知是助手還是清潔員把按鈴關起來，並說護理人員等一下就來，但等了二十幾分鐘還不見人影。我直接到護理站反應，護理師卻告訴我：「病床沒有按鈴。」那剛剛那個人到底是誰？另外還有一次在換完床單後，突然發現用過的針頭竟然出現在地上……

最最讓我覺得超級可怕的是，有一天隔壁床病人要去做ＣＴ（電腦斷層掃描），當時他自己下床並坐上輪椅，右手的點滴瓶即將打完，在等著護理師前來拔針頭，殊不知跑來兩位助手（沒穿護士服），二話不說就把右手的針頭直接拔起，沒有拿酒精棉花在手上按著，瞬間就看到病人的血噴出來，嚇得我大聲尖叫，那兩位助手也手忙腳亂。因為護理站就在旁邊，一聽到我的尖叫聲，兩、三位護理師才匆匆忙忙拿著酒精棉及透氣膠帶過來，把病患的血止住。

看過這些畫面，我都會建議來此的外國人最好不要在印度住院，若真的病到要住院，不如買一張機票飛回自己的國家比較妥當。

印度一直缺乏醫生，在印度每八百三十四名病患中只有一名醫生，所以在印度一定要注意身體健康和安全，不要輕易生病。

藥局買到電蚊拍

在印度看完診後，一樣要拿醫生開立的處方箋去拿藥。相同的藥名、藥廠若在醫院內買藥的費用，會比在外面一般的藥店貴上二至八元不等。藥局會使用 Pharmacy 或 Chemist 或 Medical 這幾個字當告示牌，外觀以紅色或綠色的標誌代表，非常好辨識。

印度藥局和台灣一樣，有專門的藥劑師在協助配藥。藥局除了藥品、相關醫療器材或小型的檢測儀器，也販售各式各樣居家用品、身體清潔用品。

有一次一位剛進來印度的台商問我，電蚊拍要去哪裡找？（當時還沒有線上購物平台）我直接想到「藥局」可以買到，這位台商當下質疑了一下。沒多久台商捎來訊息，還真的在藥局找到了電蚊拍。

醫療保險的概念

印度人普遍沒有買醫療保險的概念，一則是保費有點高，二則是怕買下去後保險公司一倒，就拿不回之前已繳的保費，最後一個原因就是不太吉利的感覺。這與三、四十年前台灣在保險推廣前期很像，大部分人都怕觸霉頭，也因為沒有保險，若是臨時身體出狀況要進行手術，就會花費很大一筆錢。像我印度朋友的爸爸幾年前突然昏倒，要緊急在心臟做繞道手術，當時的花費需要約三十萬盧比（約合台幣十二萬）左右，當時也是緊急和各親朋好友周轉後借錢完成手術。

目前印度參與醫療保險的人比之前多了一點，但是整體而言，投保的比率仍是偏低。所以大多數在印度工作的外籍人士都會考慮購買私人醫療保險，部分為個人加保，有些則是公司包含在薪資福利中。

5-8

在印度看醫生②傳統療法

印度醫療的傳統療法，都是目前在印度承認為合法的傳統醫學療法，分別為：阿育吠陀（Ayurveda）、瑜伽（Yoga）和自然療法（Naturopathy）、尤那尼療法（Unani）、悉達療法（Siddha）和同位療法（Homeopathy）。

二〇一四年十一月九日，印度政府將印度傳統醫學與同位療法部門（Department of Indian System of Medicine and Homeopathy-ISM&H），更名為印度傳統醫學部 Ministry of AYUSH（Department of Ayurveda, Yoga and Naturopathy, Unani, Siddha and Homoeopathy，簡稱 AYUSH），以每個療法的第一個英文字母做命名。

關於 AYUSH

在疫情期間，印度政府特地將印

度的五種傳統療法都整理出來，以便大眾可以更清楚知道如何使用印度傳統療法來治療及保健，同時，也成立了 AYUSH 網站供民眾查詢：Ministry of AYUSH, Government of India（www.ayush.gov.in）。

到阿育吠陀診所看診

我幾年前因為排便不順，無法立即返台看醫生，且時常聽到身邊的印度朋友去看阿育吠陀的醫生，在好奇心的驅使下就前往一家阿育吠陀診所。醫生問了我一些問題，例如：都吃什麼食物、平常作息及工作內容，查看了一下我的舌頭，並叫我把手伸出來讓他看一下手指。他初步判定可能咖哩對我的身體而言太燥熱了，外加印度天氣比台灣熱，又沒有定時補充一定的水分，而造成便秘。他寫下一堆印度文及草藥名，又提醒我可以做簡單的瑜伽促進腸胃蠕動，然後去診間外等藥劑師給藥，便完成看診。藥需要吃一個月，然後再回診看是否有改善。

藥劑師給了我一大瓶液狀的阿育吠陀的藥水，大約一公升左右，喝起來的味道有點像青草茶。我喝了一週，便秘症狀便有所改善，這青草茶藥水果真有點用，我持續喝了一個月才喝完。後來因為工作太忙就沒有再回診。然而也因為有了這次的看診經驗，我才稍微了解一點阿育吠陀的療法。

簡說阿育吠陀

阿育吠陀和中醫很像，都是用藥草特性做病症治療，所以療程比較長。阿育吠陀在某部分而言，比較著重在調理體質及養身上面，如蘆薈汁可以減少便秘、控制糖尿病等等。在小面積或者不是那麼嚴重的外傷上，也會使用阿育吠陀的傳統療法，如用蜂蜜和薑做小傷口的處理。但若是急症或較大的外傷傷口，還是會以西醫做緊急處治，待穩定後再轉向阿育吠陀。像這次的 covid-19 就有一些用阿育吠陀的藥去做治療成功的例子。

什麼是阿育吠陀

阿育吠陀是印度傳統醫學，據說五千多年前就已經在印度這片土地上應用了，到了現代，阿育吠陀在印度醫療體系上仍占相當重要的地位。

阿育吠陀 Ayuveda 是由 Ayu 和 Veda 兩個字組成。Ayu 在梵文中是 Life（生命／生活）的意思，Veda 則是 Knowledge（知識）之意，兩個字合併起來的含義就是「Knowledge of Life」（來自於生命及生活的知識）。阿育吠陀療法強調透過「身、心、靈」三方面建立出一個和諧而平衡的系統，此系統針對每個人的特質而定，同時也透過瑜伽、靜心及草藥，來維持身心的平衡及預防疾病。

就像中醫師會以把脈、氣血循環和外在呈現來做判斷一樣，阿育吠陀也講求「氣」的循環、患者的外觀及體質。從外觀如膚質（乾性、油性）、肌肉（鬆軟、緊實）、體型（瘦長、倒三角、圓潤）、頭髮（油性、乾性）、手腳（冰冷、溫和）、手指狀況（食指、中指及無名指的顏色）、牙齒（牙齦是否疼痛、牙齒大小）等，做初步判別後，再詢問排便、精神狀況及目前有患哪些疾病等。結合上述資訊，醫生可以判定病患哪裡「不平衡」。

在阿育吠陀中，認為宇宙是由 Ether 空元素、Air 風元素、Earth 土元素、Water 水元素、Fire 火元素所組成。透過這五種元素的互相混合後，創造出人體生命的過程，並在人體內形成三種不同能量的 Dosha（都剎），再透過這三種能量在每個人體內所占的比例不同，而形成了獨一無二的個人體質及特質。有點像中醫說的：胃寒體質、燥熱體質、虛胖體質。

五個主要元素	Ether 空元素	Water 水元素	Fire 火元素	Earth 土元素	Air 風元素
主要掌管	情緒（喜怒哀樂）和慾望	肌肉和肌肉組織的運作	神經系統、骨骼、飢餓感與口渴感	骨骼堅實度和力量	體內器官的運轉和代謝及身體各部位的運作

在阿育吠陀中 Dosha 分 Vata、Pitta、Kapha 三種能量：

- Vata Dosha（簡稱 Vata〔瓦塔〕）能量特質的人結合了空及風的元素，所以 Vata 代表風能量。

- Pitta Dosha（簡稱 Pitta〔皮沓〕）能量特質的人結合了火及水的元素，所以 Pitta 代表火能量。
- Kapha Dosha（簡稱 Kapha〔卡帕〕）能量特質的人結合了土及水的元素，所以 Kapha 代表水能量。

阿育吠陀講求的是「氣／能量」的平衡，人體若是健康，就表示這三種基本能量互相搭配得宜，並處於一個平衡狀態；相反地，若搭配不佳，處於一個「不平衡狀態」，那我們身體就會顯現出一些症狀或疾病。人體一旦失去平衡時，可以透過瑜伽、食物、草藥、按摩、靜心等方式，將身體調整到平衡狀況，除了身體的平衡，也包含精神上的平衡。

而這三種基本能量，也能利用外觀、體型來初步分辨：身材細瘦屬於 Vata，身材倒三角形屬於 Pitta，身材圓胖則是 Kapha。

我有一位斯洛伐克的朋友，目前在德國從事阿育吠陀工作，六、七年前她來印度學習阿育吠陀時，曾說我屬於 Vata-Kapha 混合型的人，因為有 Kapha 的特質（外型圓胖及水特質）所以才會到處旅行／行走，並混合 Vata（風的特質），因此我說話很快、個性熱情和積極、有靈活的想法而能創業。

能量元素	體型	特質	平衡時	不平衡時
Vata Dosha（風特質）	身材細瘦	具有創造力、體力很差、易覺得冷、愛說話、學習能力很強但也忘得快、愛自由、花錢無節制、沒有金錢概念、常常自得其樂、創造力佳、開放、小眼睛、皮膚往往比較細薄、髮量少、牙齒不規則	活力十足、正能量、友善、富有創造力、靈性高 **外觀：**不是非常高大就是非常嬌小	貧血、肌肉痙攣、乾性膚質、頭髮變少、外表比實際年齡來得老、個性躁動、常忘記吃東西、焦慮、神經過敏、消化不良、睡不好
Pitta Dosha（火特質）	身材倒三角形	喜愛與人競爭、比較強勢、明亮雙眼、專業、油性膚質、髮量多、完美主義、脾氣暴躁、幽默感、管理能力佳，有一定的邏輯性，良好的表達方式	敏感、精明、友善、有勇氣 **外觀：**中等身材，眼睛不大也不小，行動力強、皮膚明亮、敏感性膚質、牙齒偏黃	具侵略性、驕傲、心靈空虛、易怒、不易入睡、容易有皮膚問題
Kapha Dosha（水特質）	身材圓胖	穩定、專注、寧靜、自信、熱情、有耐心、可同時做不同的事、記憶力好、自律	忠心、寬宏大量、耐心 **外觀：**骨架比較大、大眼睛、好看的嘴形、光滑的皮膚、牙齒偏白、濃密的頭髮	缺乏安全感、昏昏欲睡、物質主義者、暴飲暴食、運動不足、過度睡眠不足、憂鬱

適合的飲食	定時定量、吃熱食	可以正常飲用咖啡及茶，但要避免喝酒精飲料。適合吃冷的跟具有高水分及苦味的食物	可以選擇辣味或已調味好、澀味或比較溫和的食物
避免的飲食	避免過量、苦味、辣味和澀味的食物	避免吃辣、油炸或是酸性食物	避免生冷飲料、冰的甜點、糖、甜食和鹹味的食物

印度傳統醫療體系概況

印度目前擁有超過六萬九千家公立和私立醫院（四萬三千家是私立醫院）及近一百八十萬張病床，最大的一家醫院（Gandhi Memorial & Associated Hospitals-King George's Medical University, KGMU）則擁有全印度最多的四千五百張病床。

而印度傳統療法 AYUSH 體系，從二〇一一年的 3,193 間醫院，增加到二〇二〇年的 3,859 家醫院，數量增長近二一%，其中阿育吠陀醫院的數量從二〇一一年的 2,420 家增加到二〇二〇年四月一日的 2,983 家。根據 AYUSH 的數據，截至二〇二〇年四月一日，印度傳統療法床位數量也增加到 60,653 張，其中，阿育吠陀醫院的病床數量為 44,892 張。

根據印度傳統醫學部 Ministry of AYUSH（AYUSH）各邦委員會／理事會最新的報告（截

至二〇二〇年一月一日），全印度有 7,12,132 名註冊 AYUSH 醫生／執業者（包括 1,18,371 名未經合法取得執照而仍在執業的阿育吠陀醫生）。在這 7,12,132 名註冊的 AYUSH 醫生／執業者中，3,64,640（51.2%）為阿育吠陀系統，2,86,430（40.2%）和 48,248（6.8%）分別屬於同位療法和尤那尼系統。只有 8,670（1.2%）、4,097（0.6%）和 47（0.01%）名醫生／執業者分別屬於悉達療法、自然療法和 Sowa-Rigpa（西藏醫療系統）。

阿育吠陀醫師學位

若要成為阿育吠陀醫師，除了家族代代口耳相傳外，另外一個方式就是考取 Bachelor of Ayurvedic Medicine and Surgery（B.A.M.S.，阿育吠陀醫學及外科）學位。BAMS 課程一共五年半，包含一年的實習。畢業後可以在印度、尼泊爾、孟加拉等其他南亞國家行醫，也可以在政府批准許可的醫療機構服務。

若要成為阿育吠陀醫生，年紀也有限制（不可超過四十五歲）。外國學生就讀一年的學費大略是六千美金到一萬美金上下，每一所大學的外籍生名額不同。像 Banaras Hindu University 外籍生的名額有三名；Gujarat Ayurved University 則有六名。目前比較受歡迎的前幾名學院如下：

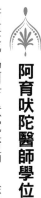

機構名稱	所在地
Institute of Medical Sciences-Banaras Hindu University	瓦拉納西（Varanasi）
Baba Farid University of Health Sciences	法里德果德（Faridkot）
Maharashtra University of Health Sciences	納西克（Nashik）
KLE Ayurveda Medical College	貝爾高姆（Belagavi）
Datta Meghe Institute of Medical Sciences	沃爾塔（Wardha）
Bharati Vidyapeeth Deemed University	浦那（Pune）
Kerala University of Health Sciences	德里久爾（Thrissur）
Dev Bhoomi Group of Institutions	台拉登（Dehradun）
Kunwar Shekhar Vijendra-Shobhit University	根戈（Gangoh）
DY Patil University	新孟買（Navi Mumbai）
Himachal Pradesh University	西姆拉（Shimla）

同位療法

在印度也有人會選擇同位療法這種自然療法，尤其是有過敏症狀的人。然而目前此療法並沒有一定的醫學文獻或根據可以證明功效，所以一般有其他病症仍會優先選擇西醫或是阿育吠陀來治療。

同位療法也叫順勢療法（Homeopathy，Homeo 源自希臘文，意即類似；pathy 有感受的含義）。這種療法的理論指，一種疾病如果可透過我們健康人，來產生相似症狀的物質來治癒的概念（即物以類聚的治療方式）。還有「最小劑量法則」，即使用的藥物劑量越低（或原物質被稀釋到最大並沒有分子殘留），即可發揮藥效越大的概念。

我們辦公室的經理就有鼻子過敏問題，幾乎每年六月季節交替時，他的過敏鼻就會一直流鼻水且變得很腫，並狂打噴嚏。他都會去同位療法診所拿藥。這個同位療法的治療師未必具有醫師資格，而是根據問診經驗給予藥物。同位療法的藥都是白色小丸子，裡面只有單一礦物質並泡在酒精裡，維持一定的活性，若酒精揮發光，這藥就失效了。同位療法的療程以七天、十天及十五天為單位，在服用期間不可以喝含酒精飲料、不可以吃肉及吃酸的食物。經理在吃了兩、三天藥後，過敏症狀改善了一些。

同位療法和其他西方醫學治療方式不太一樣，醫生會先從病患的心理和生理狀況問診，透過詳細的問診（往往長達兩小時以上），再開藥。有可能相同一種病，但醫生開出的藥方就會不同。

尤那尼療法

尤那尼（Unani-tibb 或 Unani Medicine）是印度傳統醫學系統之一。起源於兩千五百年前的古希臘醫生希波克拉底和蓋倫的學說（Hippocrates and Galen），是結合「草藥、動物、礦物質」三種物質（大約九〇％的草藥、四至五％的動物，和五至六％的礦物質）的醫學療法。在穆斯林學者兼醫師阿維森納（Avicenna）及阿拉伯醫生拉齊（Rhazes）二人的貢獻下，將此尤那尼醫學上的希臘文字翻譯成阿拉伯語，逐漸使用在阿拉伯世界，故尤那尼醫學也被稱為阿拉伯醫學或伊斯蘭醫學。

尤那尼療法的基本理論是人體需達到身、心、靈三者的平衡，並提及人的健康是由七個基本生理原則構成並相互作用，以維持人體自然體質的平衡。這七個原則包含：元素、體液、氣質特性、器官系統、活力精神、身體機能和身體功能等。

尤那尼療法和阿育吠陀都有提及的就是元素和氣質特性，宇宙中的一切都由四種基本元素（火、風、水、土）所組成。每個元素亦有兩個特性：冷／熱和乾／濕。這四種元素與這個特性組合後，即有所謂的乾冷、濕冷、乾熱及濕熱特質。宇宙中的所有實體，包括所有植物、礦物和動物都需依此達到一個平衡。人體若達到了此平衡（即穩定的體質），就是達到了健康的目的。

尤那尼醫學主要目的是提高免疫力、預防疾病和保持健康。

悉達療法

悉達療法（Siddha）起源於南印度，為印度傳統醫療系統之一，目前悉達療法的合法執業醫生約有八六七〇位。而印度農村地區習慣利用師徒制培養的悉達治療師，約占農村醫療服務的五七％。

悉達療法以五種基本元素組成，即土、火、水、天空、空氣。利用食物、人體的「體液」以及草藥、動物和無機化合物中的硫和汞，做為治療疾病的基本療法。悉達療法認為人體會產生疾病是因為三種體液（統稱為Mukkuttram）：Vatham（空氣）、Pitham（火／燥）和Kabam（水）沒有達到正常平衡受到干擾時，所引起的一種狀況。正常情況下，空氣、火／燥和水之間的比例分別為四比二比一。假設是因為環境、氣候條件、飲食、身體活動和壓力所導致的疾病（即不平衡），就需利用悉達療法中的各種療法如：瀉藥療法、油療法、禁食療法、催吐療法、蒸汽療法、物理療法、放血療法、日光療法和瑜伽療法及一些心理療法做治療。

附錄

一次讀懂印度那些事

附錄 1

幅員廣大的印度——28 個邦和 8 座一線大城

印度在法律上劃分為二十八個邦（States）及八個聯邦屬地（Union Territories）。印度在劃分領土的東西南北時，有時候不同地方劃分的方式也不一樣。在這裡以印度內政部所訂定的地區為主，約可分為六大區，分別為：

一、**北印度：**（六個邦、四個聯邦屬地〔含德里國家首都轄區〕）

- 六個邦：旁遮普邦 Punjab、哈里亞納邦 Haryana、喜馬偕爾邦 Himachal Pradesh、拉賈斯坦邦 Rajasthan、北阿坎德邦 Uttarakhand、北方邦 Uttar Pradesh
- 四個聯邦屬地：德里國家首都轄區、拉達克聯邦屬地 Ladakh（阿克賽欽地區－班公措區與中國有領土爭議）、查謨和喀什米爾聯邦屬地 Jammu and Kashmir（喀什米爾山谷區與巴基斯坦有領土爭議）、昌迪加爾聯邦屬地 Chandigarh

＊德里大都會區（DELHI NCR, National Capital Region，國家首都管轄區），指的是由德里市、古爾岡市（Gurugram，舊名 Gurgaon，位在哈里亞納邦）和諾伊達市（Noida，位在北方邦）三城及附近的法里達巴（Faridabad，位在哈里亞納邦）、索尼帕特（Sonipat，位在哈里亞納邦）、加濟阿巴德（Ghaziabad，位在北方邦）和其他周圍城市等所組成的大德里都會區，這些城市是直屬聯邦政府的直轄區。

＊二〇一九年八月，印度議會兩院通過將查謨和喀什米爾邦，分為查謨和喀什米爾及拉達克兩個聯邦屬地的法案，自二〇一九年十月三十一日起生效。原印度二十九邦改為二十八個邦，並由原六個聯邦屬新增為八個聯邦屬地。

二、中印度（兩個邦）

• 兩個邦：中央邦 Madhya Pradesh、恰蒂斯加爾邦 Chhattisgarh

三、西印度（三個邦、一個聯邦屬地）

• 三個邦：馬哈拉施特拉邦 Maharashtra、古吉拉特邦 Gujarat、果亞邦 Goa

• 一個聯邦屬地：達曼及第烏和達德拉及納加爾．哈維利聯邦屬地 Daman & Diu and Dadra & Nagar Haveli

四、東北印度（八個邦）

- 錫金邦 Sikkim
- 東北七姐妹邦：阿薩姆邦 Assam、梅加拉亞邦 Meghalaya、曼尼普爾邦 Manipur、米佐拉姆邦 Mizoram、那加蘭邦 Nagaland、特里普拉邦 Tripura、阿魯納恰爾邦 Arunachal Pradesh（其中阿魯納恰爾邦與中國有領土爭議）

五、東印度（四個邦）

賈坎德邦 Jharkhand、奧迪沙邦 Odisha（舊名：奧里薩邦 Orissa）、西孟加拉邦 West Bengal、比哈爾邦 Bihar

六、南印度（五個邦、三個聯邦屬地）

- 五個邦：坦米爾納杜邦 Tamil Nadu（舊名：馬德拉斯邦 Madras）、卡納塔克邦 Karnataka、安得拉邦 Andhra Pradesh、泰倫加納邦 Telangana、喀拉拉邦 Kerala
- 三個聯邦屬地：旁迪切里 Puducherry/Pondicherry 聯邦屬地、拉克沙群島 Lakshadweep 聯邦屬地、安達曼 - 尼科巴群島 Andaman and Nicobar Islands 聯邦屬地

各邦城市從人口基數劃分出一線、二線、三線城市。人口數在五百萬以上的為一線超級大城，五百萬至五十萬為二線城市，低於五十萬以下至五萬人口的為三線城，五萬以下為

四線城。印度的一線大城有八個，二線城則有二十六個，三線則有三十三個，四線則有五千多個。

印度一線大城

城市	所屬邦
德里	*
孟買	馬哈拉施特拉邦
加爾各答	西孟加拉邦
班加羅爾	卡納塔克邦
清奈	坦米爾納杜邦
海德拉巴	安得拉邦
亞美達巴德	古吉拉特邦
浦那	馬哈拉施特拉邦

在這些一線大城裡，在交通設施、教育水準及薪資收入都較二線及三線城來得占優勢。但隨著印度政府在二〇一五年七月後開始實施數位印度（Digital India）政策後，二線及三線城市也隨之慢慢地發展起來了。

德里首都圈

德里是印度的首都，行政全名叫「德里國家首都轄區（National Capital Territory of Delhi, NCT）」，位在亞穆納河沿岸，直屬聯邦政府的直轄區，與印度其他邦有著相對等的行政位階，也擁有一定的立法權限。官方語言為印地語（或稱印度語）、旁遮普語和烏爾都語和英語。印度語的 Dehali 意即「起點、開端」之意，所以「德里」也有著「前驅之意」的意味。德里東鄰諾伊達市，西接古爾岡城，此三區亦常被合稱德里 NCR（National Capital Region 國家首都區），也稱做德里大都會區，人口約三千兩百萬（二〇二二更新資料）。德里不僅是政治中心，也是北印度主要的工商業中心，是目前台商家數及聚集比較多的城市，相較另兩處一線大城孟買及清奈，此地台商的行業別也比較廣。

新舊德里怎麼分

德里分為舊德里和新德里。其實不論是新德里或是舊德里，指的都是德里區，但是新舊德里的交通街景有著明顯的不同，舊德里街道狹窄，到處可見裸露在外的電纜及前王朝留下殘舊的建築；反觀新德里街道，寬闊且規畫整齊，同時也是中央政府部門所在處。

通常是以新德里火車站（New Delhi Railway Station, NDLS）或康諾特廣場（Connaught Place）做簡單的新舊德里劃分：在新德里火車站以北即為舊德里區；新德里火車站以南為新德里區。

除了新、舊德里外，在整個德里區又可依地理位置劃分為北德里、中（心）德里、東德里、西德里及南德里。以康諾特廣場做簡單的東、西德里劃分，跨過亞穆納河是東德里；康諾特廣場的西邊是西德里；中（心）德里以在新德里火車站以北的 Daryaganj 區（即舊德里區）一路延伸到印度門；北德里則可以從西藏村或是德里大學以北向北延伸到 Narela；南德里則可以從綠公園（Green Park，或稱格林公園）往南延伸到 ASOLA。

整個德里都會區以南德里為主要的精華區，其次是中德里的康諾特廣場區。德里的國際機場及國內機場皆坐落在南德里，大部分外藉人士多居住在此。姑且將南德里形容為台北的天母或東區，或許大家會更理解南德里的地位。

新興市鎮古爾岡

古爾岡是位於哈里亞納邦的城市，位處德里與哈里亞納邦邊界，距離德里大約三十分鐘車程。古爾岡是由一家 DLF 房地產公司，以「造鎮方式」將整座城市建造完成。早期很多公司行號都會在德里設點，但十幾年前德里市土地幾乎已達飽合，無法提供更多的空間給新投資者，一九九七年，美國奇異公司決定在古爾岡設點，從此之後，帶動了古爾岡的資通訊產業及外包服務業。前來古爾岡，便會看到每棟大樓都進駐大型軟體服務公司，不論平日或假日，這些大樓幾乎二十四小時燈火通明。

目前在古爾岡設立總部的有可口可樂、百事可樂、泛德、安捷倫科技、現代汽車、全日本航空公司、日本航空公司等，台商也有為數不少在古爾岡設立公司。古爾岡再往西南的 Manesar 工業區有較多的日商及韓商進駐，再繼續往西南即抵達拉賈斯坦邦的工業區 RIICO，目前在 RIICO 旁的 Neemrana 亦設有日本特區 Japanese Zone，所以也有很多日本人及韓國人選擇居住在古爾岡。古爾岡有兩條地鐵：連接至德里的黃線，及將古爾岡串連起來的輕軌 Rapid Metro Gurgaon。

雖然古爾岡這個新市鎮看起來都不錯，但仍存在許多問題。例如基礎建設的施工進度遠遠趕不及持續進駐的新公司及新移民，仍不時有水及電的問題。並且也沒有像德里有完整的公共交通運輸，大部分居住在這的人幾乎都是有車階級。也因為交通較為不便，故在此地的公司都備有員工車，在指定地點載送員工上下班。

諾伊達，外商帶動當地產業

諾伊達是由韓國大廠三星和ＬＧ於十多年前在此投資設廠而開始興起的。就和古爾岡一樣，外商公司帶動起了當地產業，手機產業鏈應運而生，包含三星、OPPO、小米、Karbonn、Lava、Intex、HCL、Vivo、Agicent 等。

除了手機製造業及相關的產業外，諾伊達在過去十年亦是印度娛樂業的重要地點，許多電影、電視都在此拍攝完成，印度著名的音樂公司T系列，也把總部設於此地。新聞電台 WION、Zee News、NDTV、TV Today 集團、Network 18、NewsX 和印度電視等新聞頻道都位在此地。當地報社如 Amar Ujala-Noida、Dainik Jagran、Dainik Bhaskar、Rajasthan Patrika、Dainik Prayukti、India Express 和 TIMES OF INDIA（TOI）也在這裡。

諾伊達亦緊鄰首都德里，相較古爾岡只有兩條地鐵，諾伊達有多條地鐵連通至德里，如藍線可通往中心德里區；粉紅線可通往德里中南區；紫紅線通往南德里。還有在二〇一九年一月開通的諾伊達輕軌及水藍線輕軌連接大諾伊達城。

北印度，豐富多元的人文景觀與自然美景

印度北部主要是由印度河、恆河平原和喜馬拉雅山脈組成。過去是莫臥兒王朝（Mughal Empire）、德里蘇丹王國和英屬印度帝國的主要中心。官方語言是印度語、烏爾都語、旁遮普語和英語。相較印度的其他區，北印擁有著多元文化及宗教信仰，蓋括的城市及聯邦也是最多的，許多世界級景色都聚集在這裡，包括：

- **查爾達姆（Char Dham，意為四聖地）**，印度雪山的四個朝聖地：巴德里納特普里（Badrinathpuri/Badrinath）、德瓦爾卡（Dwarka）、普里（Puri）、拉梅斯沃勒姆（Rameswaram），其中巴德里納特普里便位在北印的北阿坎德邦
- **赫爾德瓦爾（Haridwar）**：恆河上游，洗去罪惡之地，有「通往天堂之路（Gateway to Gods）」之稱
- **瓦拉納西（Varanasi）**：恆河下游，印度教徒人生的最終站，有「光之城（City of Light）」之稱
- **阿拉哈巴德（Allahabad）**：每十二年舉行一次大壺節（Kumbh Mela）之地

- **鹿野苑（Sarnath）**：釋迦牟尼第一次教授佛法（初轉法輪）之處，佛教四大聖地之一
- **楠達德維山（Nanda Devi）**：位於北阿坎德邦境內的喜馬拉雅山脈，海拔七八一六公尺，是印度第二高峰。現已建立楠達德維國家公園，有豐富多樣的瀕危動物，如亞洲黑熊、雪豹、棕熊、岩羊等。一九八八列入世界自然遺產，二〇〇五年時延伸範圍，列為世界生物自然保護區之一
- **哈爾曼迪爾・薩希卜（Sri Harmandir Sahib）**：亦稱黃金寺廟（Golden Temple），錫克教的聖地，位在阿姆利則小鎮，靠近印巴邊境。
- **世界文化遺產**：如拉賈斯坦山地要塞堡壘、簡塔曼塔天文台、古達明納塔、德里紅堡、阿格拉堡、法特普希克里城、泰姬瑪哈陵等

恆河的真實面貌：赫爾德瓦爾、瓦拉納西、瑞詩凱詩

恆河在從源頭甘戈特里冰川流出二五三公里後，在北阿坎德邦的赫爾德瓦爾進入恆河平原。位在恆河上游的赫爾德瓦爾，是印度教徒主要七朝聖地之一。印度教信徒們只要來到赫爾德瓦爾，就一定會聚集在恆河岸邊淨身、洗去一切罪惡。也會帶著特定的白色塑膠水壺，裝滿這聖河的水帶回家。若要和印度教信徒一樣試著淨身，請務必小心，恆河水流很急。

每十二年一次的印度教最盛大的宗教集會「大壺節」，會在赫爾德瓦爾、阿拉哈巴德、納西克（Nashik）和烏賈因（Ujjain）等城市盛大舉行，每次持續四個月之久。雖然長達十二年才會舉行一次大禮，但每六年會舉行一次半禮（Ardh Kumbh Mela），大禮與半禮之

間還有小禮，因此大壺節在十二年週期內，每三年就有一祭。二〇一九年的大壺節就是一次半禮。

瓦拉納西在恆河的下游（瓦拉納西是北方邦二線大城）。印度教徒一般認為能在瓦拉納西走完人生最後一段路，就能夠超脫生死輪迴，因此在瓦拉納西沿著恆河沿岸有著大大小小不同的祭壇。每個祭壇都有不同的功能，有些是往生者焚化遺體的，當有往生者焚化時不可以直視亦不可以拍照。印度教徒相信，若在恆河河畔將遺體火化，並將骨灰灑入恆河中，也能超脫生前的痛苦。在主要的祭壇（達薩斯瓦梅朵河壇〔Dashashwamedh Ghat〕）每晚皆有恆河夜祭，可以前往參觀；早晨則可搭船看恆河日出，當地居民會沿著恆河河畔虔誠朝拜，感受這難得的平靜時分。

眾人對恆河印象或許多半來自瓦拉納西，但其實恆河也有其活力四射的一面。在恆河上游，從赫爾德瓦爾再往山裡約二十到三十分鐘車程，即可到世界瑜伽聖地瑞詩凱詩。這裡分布著大大小小的瑜珈靜心中心 Ashram（印度教中的靜心村或修道院），提供不同的瑜伽課及靜心課程。瑞詩凱詩除了是世上著名的瑜伽重鎮外，還是印度國內旅遊有名的泛舟地點！除了每年雨季（六月至九月）因恆河水位高漲，不適合泛舟之外，其他月份都可以泛舟。

喜馬拉雅的美麗與哀愁：西姆拉、達蘭薩拉

位於西喜馬拉雅山脈區的喜馬偕爾邦（Himachal Pradesh），山谷林野遍布，農業、水力及觀光是這裡主要的產業。

西姆拉（Shimla）是喜馬偕爾邦首府，居民信奉印度教，通英文及印度語。西姆拉在英屬印度時期是夏都，許多駐印度的英國人每年有大半時間會到這裡避暑。西姆拉有點像台灣的九份山城，由階梯組成的山城小路。最著名的景色是卡爾卡－西姆拉鐵道（Kolka-Shimla），是窄軌登山鐵路，沿途可以看到美麗的山林景觀，單程約五個小時，於二〇〇八年登錄世界遺產。西姆拉是我第一次旅遊印度時第一個造訪的山城，同時也是我心目中排名第二的城市（第一是烏代浦）。

在喜馬偕爾邦西北山區的達蘭薩拉（Dharamshala）是西藏流亡政府所在地，背靠終年冰雪覆蓋的喜馬拉雅山脈，全區為山谷、河川、農田和茶園點綴，距離新德里約十二小時的車程。崎嶇山路環繞著的達蘭薩拉，分為上達蘭薩拉及下達蘭薩拉，上達蘭薩拉的主要居民是藏人，大部分居民為跟隨達賴喇嘛流亡印度的藏民，下達蘭薩拉則多為印度人。上達蘭薩拉又叫做麥克羅甘吉（Mcleod Ganj），因為流亡藏人多，當地人亦稱這裡為「小拉薩」。大昭寺（即大乘法苑寺）和達賴喇嘛的寢宮都在這裡，為了安置流亡的藏人孤兒而設立的「西藏兒童村學校（Tibetan Children's Villages, TCV School）」也位於此，也有世界首屈一指的西藏文獻圖書館。

拉賈斯坦邦的絕代風華：齋浦爾、烏代浦、久德浦、賈沙梅爾

拉賈斯坦邦位於印度西部，與巴基斯坦接壤。最大民族是拉傑普特人，官方語言是拉賈斯坦語，除此之外包括信德語、古吉拉特語和旁遮普語在內的其他語言亦通用於該邦。境

內的六個大型古堡，統稱為拉賈斯坦山地要塞堡壘（Hill Fort of Rajasthan），堡壘內有城市中心，有宮殿、貿易點和印度教與耆那教神廟等多功能設施，在八世紀至十八世紀以來，負擔起軍事防衛要務。二〇一三年登錄為世界文化遺產。

齋浦爾（Jaipur）是拉賈斯坦邦的首府，距離德里市約五小時車程。一八七六年時，齋浦爾為迎接英國威爾斯王子來訪，將城內房子全部漆成粉紅色，因此這裡又有「粉紅之城」之稱。齋浦爾主要以旅遊、珠寶、手工藝品、陶器、紡織品、皮革和金屬製品為主要產業，知名的手工印花品牌ANOKHI即來自於此。

從齋浦爾再往西南方向約五小時車程，即可抵達烏代浦（Udaipur）。前面提過，烏代浦是我最愛的城市，因為這裡真的太美了。烏代浦被大大小小的湖泊包圍著（五個主要的湖泊已被納入印度政府國家湖泊保護計畫內），有「湖之城（City of Lakes）」的雅稱，也號稱是「東方威尼斯」，又由於烏代浦城裡的宮殿以及不少建築都是以白色為主，所以也有「白色之城」的稱號。一九八三年的〇〇七電影《八爪女》即是在烏代浦的湖上皇宮飯店取景的，也因為此片而讓烏代浦聞名於世。烏代浦每個小巷都可以看到很特別的壁畫，夕陽西下時的湖光山色，讓人感覺很舒服也很愜意。

從齋浦爾往西約五小時車程，即可到達有「藍色之城」美稱的久德浦（Jodhpur），是從前馬爾瓦爾王國（Kingdom of Marwar）的首都。久德浦被稱為「藍色城市」的傳說有很多：有人說，當地的婆羅門（祭司和鎮長組成）把自家房子外牆漆上昂貴的藍色，以強調他們與皇室的關係，但隨著時代演變，這顏色也變為婆羅門的象徵；也有人說，把屋子漆成藍色可以將炙熱的陽光反射回去，以保持房內的涼爽（但其他拉賈斯坦邦大城市也沒有被漆成藍色啊？）；還有人說，白蟻會蛀掉房子的牆壁和結構（由石灰混合物組成），若漆上了硫酸銅可有效驅除昆蟲，硫酸銅在一定條件下會變成藍色，使房屋呈現出一片藍海景象（大部分都採信此種說法）。

從梅蘭加爾堡（Mehrangarh Fort）鳥瞰久德浦就是一片藍色屋海，天氣好時，真的會誤以為身在藍色地中海。梅蘭加爾堡為一四五九年久德哈王公建造的，屹立於一二五公尺高的山丘／巨崖上，也是印度最大型城堡之一。古堡建築採用堅硬的黃色砂岩，由於每天當太陽升起後，都會把梅蘭加爾堡照耀得非常金碧輝煌；落日時分，又可在梅蘭加爾堡看到餘暉，因此梅蘭加爾堡也被稱為「太陽保壘」。目前梅蘭加爾古堡內有一部分闢為博物館，裡面展示許多印度古代槍砲、武器、旗幟、皇室寶座、象轎、地毯、壁畫等歷史文物。梅蘭加爾堡一定要慢慢欣賞，在入口購票處有耳機導覽（中文講解），很方便。

賈沙梅爾（Jaisalmer）距離久德浦約四小時車程，位在塔爾沙漠（Thar Desert）的中心點，是古代中亞商路（也就是絲路）必經之地，賈沙梅爾的房屋都是以沙漠黃石砌成，又有「黃金之城」之稱。最著名的賈沙梅爾堡是目前世上為數不多的活城堡（仍有人居住在內）之一。賈沙梅爾堡和其他城中房屋一樣以黃色砂岩建成，這巨大的黃色外牆在白天呈現如同獅子顏色的黃褐色，隨著太陽日落山頭逐漸變成蜂蜜色（金色），在黃色沙漠中間接保護了這座堡壘。因此它也被稱為 Golden Fort 或 Sonar Quila（孟加拉語為「金色堡壘」之意）。

中央邦，農業&工業重鎮

中央邦農業人口占七〇%，小麥、水稻、豆類（綠豆、大豆）等為主要農作物，是整個印度重要的農業之邦。在中央邦亦有很多古跡建築遺存，不僅如此，這裡還有二十一種礦產，如白雲石、鋁土、銅、煤、鐵礦等；除農業、礦業、觀光業、食品製造外，亦有工業、電子、金屬、造紙、機械等行業，印度政府在中央邦推行七座智慧城市：印多爾（Indore）、博帕爾（Bhopal）、烏賈因（Ujjain）、瓜廖爾（Gwalior）、賈巴爾普爾（Jabalpur）、瑟德納（Satna）和薩格爾（Sagar），讓中央邦從既有的農業、礦業、觀光業外，再增加電子、汽車工業及電信等高科技產業。

博帕爾是中央邦首府，位在整個大印度的中心，主要產業包含電子、珠寶、化學、棉花、製藥等。博帕爾在一九八四年十二月曾受到史上最大規模的天然毒氣外洩事件，造成近六十萬人吸入有毒氣體。三十年過去，這座城市才慢慢從創傷中走出來。博帕爾市附近有Mandideep工業區，目前已有兩百五十家公司進駐，像Hindustan Electro Graphite（HEG石墨電極製造商）、Procter & Gamble（寶僑）、Eicher tractors Ltd（德商托拉機）、Lupin laboratories（瑞氏藥廠）等跨國/本國公司皆於此設廠房。博帕爾市地鐵正在興建中，預計二〇二三年可完工通車。

印多爾第一大城，也是中央邦的教育和商業中心，屬於二線大城。印多爾是目前唯一有印度理工學院（IIT）及印度管理學院（IIM），兩個學院並在的城市，故也吸引到國外天使資金來此地投資。印多爾主要產業包含電子、IT、食品加工、自動化機械、紡織、製藥、汽車及自行車製造等等。離此城不遠處有兩個工業區：Pithampur 和 Sanwer。在 Pithampur 以汽車及藥品相關製造為主，目前已超過六百四十家業者在此設廠；位在此區的馬亨達 Mahindra & Mahindra（M&M）亦在二〇一九年九月出口第一批由印度製造的二輪電動機車至歐洲。印度前十大製藥公司如 Dr. Reddy's Laboratories（RDY）、Lupin 藥廠皆在此有廠房。另外一個 Sanwer 工業區則以鋼鐵製造、食品製造為主，包含 Indo-German Tool Room 亦在此工業區內。

西印度孟買，寶萊塢的發展基地

風格獨樹一幟的寶萊塢，基地就在西印度馬哈拉施特拉邦的首府孟買。孟買不僅孕育著印度電影產業，同時也是印度第一商業大城，擁天然深水良港，賈瓦哈拉爾·尼赫魯港口（Jawaharlal Nehru Port），承擔印度超過一半的客運量，是印度的商業和娛樂業之都。

孟買的近郊鐵路（Suburban Railway）興建於一八五三年三月，是英國人在印度興建的第一鐵路，也是全亞洲最古老的鐵路。近郊鐵路由西部鐵路（Western Railway(WR)）和中央鐵路（Central Railway (CR)）兩個公立鐵路公司互相經營。每日通勤人次超過七百五十萬，是世界上最繁忙的通勤鐵路系統之一。由於孟買地形為狹長型，故在大孟買區及近郊，大部分的孟買人皆以「區間火車（local trains）」代步，除了交通費用較便宜外，通勤時間也能省卻塞車之苦，所以火車的使用率相較其他大城來得多。孟買共有五個主要的火車站，其中賈特拉帕・希瓦吉火車總站（Chhatrapati Shivaji Terminus, CST），亦被稱為「維多利亞火車總站」，二〇〇四年被列入世界遺產，共有十八個月台。從一八五三年起即運作迄今已超過百年歷史，是孟買最大的火車總站，也是整個孟買的重要地標。

孟買以北的古吉拉特邦是印度最西部的邦，西鄰阿拉伯海，北與巴基斯坦及拉賈斯坦邦相鄰。古吉拉特邦的工業發展較其他邦來得成熟，如石油、化工、紡織、水泥、煉油、化學肥料、機床及電氣工程，礦產有天然氣及石油等，農業產品則有花生、水稻及棉花。蘇拉特（Surat）、巴羅達（Baroda）和亞美達巴德（Ahmedabad）三城是西印度花卉的集散地。近幾年古吉拉特邦政府也開始發展再生能源的產業。印度的第一條高鐵，從孟買連接到亞美達巴德，長達五〇八公里，由日本新幹線技術支援。另外要提醒的是，古吉拉特邦是禁賣酒及全素食（禁葷）的。

紛紛擾擾的東北印度：阿薩姆邦、錫金邦

因鄰近西藏、尼泊爾、不丹、孟加拉、中國、緬甸等國家，故在東北區的人種往往看起來像極了華人或藏人。東北印度區的傳統服飾、食物和紋面甚至和台灣的原住民有異曲同工之處，但他們都是印度人。

錫金人或東北七姐妹邦的人個子比較嬌小，居民多半屬於卡西族人或伽羅族人，信奉的

宗教有基督教、印度教和伊斯蘭教。由於東北七邦並沒有實際上的開發，工作機會較少，所以大部分東北人都會到一線或二線大城工作，多半來到德里，其中又以服務業為主。

七姐妹邦：阿薩姆邦、梅加拉亞邦、曼尼普爾邦、米佐拉姆邦、那加蘭邦、特里普拉邦、阿魯納恰爾邦，有各自的方言和多元的種族。其中最廣為人知的是阿薩姆邦，以阿薩姆茶聞名於世，當地的產業以茶業及觀光業為主，有最大的茶葉拍賣市場。印度傳統八大古典舞之一的薩蒂亞舞（Sattriya）也是誕生於此。當地方言以阿薩姆語為主，孟加拉語其次，古瓦哈提為主要城市，大部分人信奉印度教，伊斯蘭教為第二宗教，還有少數人口信仰基督教。除了世界聞名的阿薩姆茶，這裡也有重要的印度犀牛棲息地：加濟蘭加國家公園（Kaziranga National Park），位於阿薩姆邦東北部，於一九八五年納入世界自然遺產。

七姐妹邦中的阿魯納恰爾邦大部分地區位於中印邊界糾紛地帶，長久以來一直與中國有著領土爭議，所以要入此邦必須事先申請特別通行證才能進入。而另一個需要許可證才能進入的是錫金邦。

錫金邦的位置在喜馬拉雅山南麓。北面與西藏接壤，東面是不丹，西面是尼泊爾，南面是印度。十七世紀前的錫金原是獨立且世襲的小國，西元一七〇〇年被尼泊爾入侵後，又因尼泊爾和清朝抗戰，戰敗後，錫金成為清朝藩屬國之一。在英國殖民印度期間，名義上錫金是英國的受保護國，但後來為方便管理整個印度，英國於是把錫金直接納入整個印度殖民管理範圍內。清朝當時忙於內戰，無暇處理被英國人強占的錫金王國，錫金就這麼被納入了印度的殖民版塊中。二次大戰後，英國逐漸退出印度，而長時間被殖民管理的錫金已無法完全獨立，只好繼續依靠印度，成了印度的受保護國。一九七五年，錫金舉行全民投票，決定錫金去留，投票結果顯示大部分錫金人同意併入印度。同年五月十六日錫金正式成為印度的一個邦。

憑綠色護照申請錫金許可證

錫金是一個管制區，需事先申請「錫金許可」才能進入錫金。大約在二〇一一年時，我曾前往錫金探訪旅遊景點，當時跑了錫金邦辦公室及印度內政部，想申請這個許可，但得到不太確定的答案，後來一位錫金觀光處的官員跟我說，可以直接去錫金並在當地辦理許可證。

當時的資訊不完整，也沒有其他方式，所以我就直接去了錫金。還好當時辦理的官員在聽到我來自台灣後，詢問我的護照是什麼顏色的？我說綠色的。他立刻表示沒問題，就直接發了二週的許可證給我。後來這裡的官員告訴我，若護照是紅色的就不可以入錫金。當時自己也覺得這也是個不錯去辦別的方式。

現在進入錫金比以前方便許多，只要在申請印度簽證時，一併申請錫金許可證就可以了。

東印度的歷史底蘊

東印度東與孟加拉人民共和國接壤，僅以上方狹長的西里古里走廊與東北印度相連。東印度最大的城市加爾各答在英國殖民期間曾是整個英屬印度的首都，亦曾產生過三位諾貝爾獎得主：泰戈爾（諾貝爾文學獎）、拉曼（諾貝爾物理學獎）及德蕾莎修女（諾貝爾和平獎），有著濃厚的人文底蘊。

在更早之前，奧迪沙邦的布巴內什瓦爾還有「寺廟之城」的稱號，數百座耆那教、佛教、印度教的寺廟遺跡，也讓東印度充滿韻味。

加爾各答，文化與金融大城

西孟加拉邦首府加爾各答（Kolkata，舊名 Calcutta），是東印度和東北印度主要的商業和金融中心，加爾各答證券交易所亦是印度第二大交易所，要算是東印度最重要的一線大城了。從一七七二年直到一九一一年的一百四十年間，加爾各答一直是英屬印度的首都，也因此這裡有大量的維多利亞風格建築，並且是印度教育、文化、藝術和科學的中心，著名詩人泰戈爾即出生於此，也有印度最古老且最大的印度博物館（成立於一八一四年）。此外，加爾各答還有全印度唯一的中國城，當地華人以客家人為主。順帶一提，全球知名的大吉嶺也位在西孟加拉邦內。

奧迪沙邦，另一個旅遊金三角

布巴內什瓦爾是奧迪沙邦（Odisha，舊名：奧里薩邦〔Orissa〕）的首府，據說奧里薩人就是孔雀王朝阿育王時期說「摩揭陀語」的後代。布巴內什瓦爾市已有兩千多年歷史，市內分布數百座年代不同的宗教寺廟，可以看到三種宗教（耆那教、佛教、印度教）的遺跡，素有「印度寺廟之城」的雅稱，此邦也是印度傳統八大古典舞之一奧迪西（Odissi）的誕生地。

奧迪沙邦另一座必訪小城是科納克（Konark），世界遺產科納克太陽神廟（Konark Sun Temple）就位在這裡，於十三世紀由東恆伽王朝那羅辛訶提婆一世建造完成，是婆羅門教的聖地之一。科納克太陽神廟寺廟裡有三尊神像，分別代表早晨的太陽，中午的太陽和黃昏的太陽。整座寺廟的外觀被設計成戰車的形狀，代表太陽神蘇利耶（Surya）站著戰車上的形象。這輛戰車以巨大的石頭雕刻製成，共有十二對車輪，並由七匹馬帶領著。七匹馬代表一週有七天；十二對車輪象徵著一年有十二個月，每一對輪子即代表一個月。有趣的是，每個輪子內都有八個軸，每個軸代表三個小時，所以，每一個輪子即代表了二十四個小時，上四個軸代表白天，下四個軸代表夜晚。因為是太陽神，馬匹帶領著象徵著天體運行，具有太陽神廟不論晝夜都在運轉的含義。

德里、阿格拉、齋浦爾是大家耳熟能詳的北印度經典印度旅遊黃金金三角，而奧迪沙邦的布巴內什瓦爾、科納克和普里三城，則是東印度另一個（尚未被大家注意到的）旅遊黃金金三角。

開悟成佛的菩提伽耶小城

比哈爾邦的菩提伽耶是佛教徒最主要的朝聖點。兩千五百年前，悉達多王子（釋迦牟尼佛）在摩訶菩提寺旁的一棵菩提樹下打坐，在四十九天後開悟成佛。在約二百五十年後，孔雀王朝的阿育王參訪此聖地，並在佛陀開悟的菩提樹旁建了一座寺廟，即摩訶菩提寺（或稱大覺寺）。

摩訶菩提寺剛好位在菩提伽耶的中心。佛教於印度衰落之後，菩提伽耶這座小城連帶也被遺忘並荒廢了數世紀之久。一八八〇年代，為緬甸僧侶重新發現後，英國殖民地政府開始整修。一八九一年，斯里蘭卡佛教領袖阿難嘎利卡達瑪帕（Anagarika Dharmala）成立摩訶菩提協會（Maha Bodhi Society），並由佛教徒管理相關事宜，此後摩訶菩提寺才慢慢成為佛教徒主要的朝聖中心，於二〇〇二年列入世界文化遺產。在菩提伽耶這座小城內，有十多座來自世界各地的傳統佛教寺院，包括中國、日本、韓國、台灣、不丹、西藏、泰國、孟加拉、緬甸等。其他著名的佛教朝聖景點如：王舍城（Rajgir）、那爛陀寺（Nalanda）、靈鷲山（Griddhakuta〔Vulture Peak〕）等聖地亦在附近。

南印度的科技與電影產業

坦米爾納杜邦為南印度最重要之產業及經貿發展重鎮，全印度最大的四十個特別經濟特區（Special Economic Zone）也位在此邦，邦內有四座國際機場，分別位於清奈、馬杜賴、蒂魯吉拉帕利（Tiruchirapalli）、哥印拜陀。

本邦的重點產業聚落以清奈（汽車、資通訊、機械、紡織）、哥印拜陀（機械）、Tirupur（針織品）為主。此外，坦米爾納杜邦正與日本國際協力機構（JICA）共同研議開發清奈－班加羅爾工業走廊（Chennai-Bengaluru Industrial Corridor, CBIC）計畫，以促進南印兩大都會之產業連結。

清奈，印度的底特律

坦米爾納杜邦的首府是清奈，舊名馬德拉斯，是英國人建立的一座海港城市，位在坦米爾納杜邦北邊，緊鄰孟加拉灣，是孟加拉灣沿岸最大的城市。在清奈及近郊地區主要以汽車相關產業為主，在此地製造的汽車有六〇％出口至世界各地，所以又有人稱清奈是「印度的底特律」。此外，由於靠近班加羅爾及海德拉巴兩座城市，從這兩市延伸出來的ＩＴ產業（如手機組裝、軟體外包）等也順勢帶起了清奈市的ＩＴ產業。

除了上述產業之外，清奈的影劇產業也非常有名。這裡出產的電影叫做「康萊塢（Kollywood）」，由Kodambakkam（清奈裡的小城區）和Hollywood（好萊塢）二字組成，以坦米爾語為主，非常受到南印度人及斯里蘭卡人的喜愛。因為清奈距離新加坡比較近，有許多坦米爾人移民至新加坡。新加坡的小印度區約五〇％以上來自坦米爾的移民。隨著印度移民，也把康萊塢電影帶進了新加坡和馬來西亞等地。

海德拉巴，新興的ＩＴ大城

除清奈和班加羅爾之外，海德拉巴也是南印大城，特別的是海德拉巴是安得拉邦和泰倫加納邦共同的首府。之前以農業為主的安得拉邦，近幾年與泰倫加納邦一起全力發展其他產業，如資訊軟體、生技及其他製造業。

海德拉巴是最近幾年新興城市之一。自二〇〇六年起，海德拉巴市政府全力發展ＩＴ產業，像AMD、甲骨文、微軟皆在此地設有研發中心。二〇一四年當薩特亞．納德拉（Satya Nadella，海德拉巴人）被任命為微軟營運長時，間接把這座城市的ＩＴ產業介紹給全世界，當地人也稱這個城市為「Cyberabad」（由Cyber與海德拉巴Hyderabad二字組成）。

珍珠之城

距離海德拉巴不遠處一個名為Chandanpet的村莊，從事天然珍珠生產及加工製造。在一九九〇年前，此區是印度主要的珍珠產地，出產的珍珠以白色、粉紅色及黑色珍珠為主，故海德拉巴也有另外一個美稱叫「珍珠之城」。但一九九〇後由於大量來自中國的廉價珍珠進入印度後，此天然珍珠產業目前已停止。

托萊塢電影

除了孟買的寶萊塢、清奈的康萊塢電影外，印度還有「托萊塢」也深受印度人喜愛。托萊塢電影以泰盧固語為主要拍攝語言，如電影《帝國戰神：巴霍巴利王》就是托萊塢電影作品。金氏世界紀錄中世界上最大的電影生產地「羅摩吉（Romoji）電影城」就位在此地。

草藥與航太科技並存的喀拉拉邦

印度西南方，在阿拉伯海及西高止山的中間的喀拉拉邦，布滿了森林、稻田、椰子樹、茶樹、咖啡、果樹及橡膠等等。得天獨厚豐富的自然資源，有各式各樣不同種的香料（如豆蔻類、胡椒、肉桂、薑等）及草藥，這些香料不只做為食物調味使用，亦廣泛地用在醫藥及化妝品上，阿育吠陀香料草藥就是源自於此邦。

印度被葡萄牙殖民期間，葡萄牙人將印度香料介紹給荷蘭人，深獲荷蘭人喜愛並擴及到整個歐洲，而引起西方商人注意並前來購買。這些商人乘坐著商船抵達馬拉巴爾海岸，除了採買印度香料外，也間接地把葡萄牙及西方的建築、文化、食物等引進到了印度，印度和西方的「雙向香料貿易」就這麼順勢展開了。在香料貿易期間，為了運輸工人、大米和香料，印度人建造了長達三十公尺的船隻。這個特殊的船叫 Kettuvallam，後來就變為喀拉拉邦的標誌。

在喀拉拉邦有很多瀉湖、小運河，互相橫穿，和義大利的威尼斯很像，故也有「東方的威尼斯」的稱號。由於瀉湖、小運河的水量都不大，很多地方會與海岸線平行，構成了河水、海水隔沙丘相望的奇特景象。季風期間，海水漲潮，便會越過堤岸，注入河中。而雨水過後，河水暴漲時，又會反回大海中，這種景觀叫「回水」景觀，只有在喀拉拉邦才能看得到。除了貿易、觀光、自然資源外，印度傳統八大古典舞之一的卡塔卡利舞（Kathakali）及莫希妮雅坦舞（Mohiniyattam）亦來自於此。

除了草藥與自然景觀，喀拉拉邦的高科技產業也多有發展。特拉凡德倫市（Thiruvananthapuram/Trivandrum）是全印度最南端首府。印度的太空研究中心維克拉姆·薩拉貝太空中心（Vikram Sarabhai Space Centre, VSSC）就在此市。VSSC為主要設計、研發和製造印度的極軌衛星運載火箭（Polar Satellite Launch Vehicle, PSLV）。

二〇一九年十月，印度政府規畫在喀拉拉邦建立一座醫材製造園區，專門製造橡膠醫療耗材及零件，此項計畫在科欽市（Kochi）執行。科欽市在首府特拉凡德倫市的北方，是喀拉拉邦的第一大城。一一〇〇年以來，科欽市就是阿拉伯海沿岸重要的香料貿易中心，亦是印度第一座國際貨櫃轉運碼頭，世界上目前唯一的國際胡椒交易市場也在這裡，有「阿拉伯海的皇后」美稱。

曾被葡萄牙人及法國殖民過的科欽市，走在街道上，幾乎都是殖民時代留下的建築，讓人有時會有身處葡萄牙的錯覺。另外，據說明朝的鄭和下西洋時，曾抵達科欽，並教授當地居民利用魚網捕魚維生，所以這裡也可以看到印度人用華人傳統捕魚的方式（即魚網）來捕魚，非常特別。此外，科欽市也入選《孤獨星球》（*Lonely plant*）「二〇二〇世界最值得造訪的十大城市之一」。

區域	邦或聯邦屬地	首府	族群／語言／宗教	產業	特色
北印度	德里國家首都轄區 National Capital Territory of Delhi	*	官方語言為印地語、英語、旁遮普語和烏爾都語／各邦人，如旁遮普人、拉傑普特人、錫克人	是政治中心，也是北印度主要工商業中心（貿易會議和展覽會）／旅遊觀光業、食品加工業、貿易業、農業、IT	德里與諾伊達、古爾岡合稱德里大都會區／二〇一〇年九月舉辦之大英國協運動會／印度最大最多的地鐵網絡城市／中華航空直飛台北德里／德里擁有世界上最繁忙的機場之一英迪拉甘地國際機場／印度城市化程度最高的地區，城市化率達九七．五%／印度首都
	旁遮普邦 Punjab	昌迪加爾 Chandigarh	旁遮普人、旁遮普語、印地語／印度教	農業、觀光業、紡織業、輕工業、食品加工業、拖拉機和汽車零組件、農業零組件、自行車和自行車零組件、化工產品、IT服務業	印巴邊境，很會做生意的錫克人，也有很多農產／印度第三大小麥和大米生產地／印度最大的機器、手動工具和自行車零部件生產地／旁遮普邦被稱為「印度糧倉」／錫克教發源地
	哈里亞納邦 Haryana	昌迪加爾 Chandigarh	主要使用語言為印度語、哈里亞納語，旁遮普語和英語次之／印度教、錫克教、伊斯蘭教／旁遮普人及中里亞里人	農業、紡織業、電子業、汽車工業、手工具機、石化、農業、工程產業	共二十一個區，其中的十三個位於國家首都地區（NCR）內／印度第四大棉花生產中心（古爾岡）／四輪車廠 Maruti Suzuki 及二輪車廠 Hero Moto Corp Ltd.／汽機車製造及服務業為外資投資 FDI 主要地點

北印度				
喜馬偕爾邦 Himachal Pradesh	西姆拉 Shimla	以印地語、帕哈里為主，亦有旁遮普語、多格里語、康格里語和金瑙里語／印度教、佛教、錫克教	農業、水力、觀光旅遊業、水力發電廠、製藥業、食品加工業、能源、醫療設備、手工藝品	達蘭薩拉是西藏流亡政府所在地，豐富的山林資源及蘋果的家鄉／電力淨出口國占印度水電總潛力二六%／西姆拉曾是英屬印度的夏都／西姆拉有高山蒸汽小火車 Toy Train（二〇〇八年登錄世界遺產）／亞洲最大製藥中心
拉賈斯坦邦 Rajasthan	齋浦爾 Jaipur	拉傑普特人為主，官方語言是拉賈斯坦語、印地語，此外也有信德語、古吉拉特語和旁遮普語	旅遊觀光業、製造業、手工業、農業、大理石業、食品加工業、紡識及手工藝品、礦業	印度主要旅遊點三色城：粉紅之城齋浦爾、黃金之城賈沙梅爾、藍色之城久德浦、白色（湖光）之城烏代浦／印度最大的太陽能板區／印度面積最大的邦／目前印度太陽能發電最大發電容量（超過 13000 兆瓦）
北阿坎德邦 Uttarakhand	德拉敦 Dehradun	印地語、嘉華語、庫矛語	農業、水電及汽車工業、旅遊業、AYUSH 和水電工業、汽車、製藥和食品加工、AYUSH 和草藥產品出口	喜馬拉雅山麓下／盛產石灰石／主要的有機邦，四種農業氣候條件允許生產淡季蔬菜，梨、桃、李和杏產量為全印最高／印度第二大菱鎂礦生產商／印度第一所農業大學 GB Pant 農業大學所在地
北方邦 Uttar Pradesh	勒克瑙 Lucknow	印地語／大多信奉印度教，其次是伊斯蘭教	農業和觀光服務業、IT 業、製造業（手機、電腦）、軟體外包業、皮革業、紡織業、食品加工及製造、再生能源	有許多佛教及印度教聖地，如泰姬瑪哈陵、阿格拉堡、鹿野苑等／在印度的智慧城市排名第一／有印度最長的公路和鐵路網絡分布／印度第二大皮革製品生產邦／印度傳統八大古典舞蹈卡塔克舞的發源地

地區	邦／聯邦屬地	首府	語言／宗教	產業	特色
北印度	查謨和喀什米爾聯邦屬地 Jammu and Kashmir	斯利那加 Srinagar	喀什米爾人／喀什米爾語、多格拉語、烏爾都語、印地語、印度教、伊斯蘭教	農業、羊絨編織業、陶器製品、木雕及觀光業為主	與巴基斯坦和中國有領土爭議／印度最大的番紅花生產地／印度羊毛 Pashimina 的主要生產地／以印度最大的蘋果、核桃和櫻桃最有名
北印度	拉達克聯邦屬地 Ladakh	列城 Leh	拉達克人／拉達克語／藏傳佛教、印度教、伊斯蘭教	觀光旅遊業、手工藝品業	電影「三個傻瓜」班公錯湖 Pangong Tso 拍攝地／需申請許可證才能進入／高海拔區／藏傳寺廟眾多／太陽輻射強度最高之地／印度最北端的聯邦領土／與中國有邊境爭議
北印度	昌迪加爾聯邦屬地 Chandigarh	*	印地語、旁遮普語／大部分印度人信奉錫克教、印度教	工業和製造業／生產農業設備、汽車零部件、輪胎和內胎、電子產品、基本金屬和合金	同屬旁遮普邦和哈里亞納邦首府，由中央政府直接管轄／印度第一個造鎮的城市
中印度	中央邦 Madhya Pradesh	博帕爾 Bhopal	印地語，烏爾都語／印度教、伊斯蘭教	農業、觀光、電子、汽車工業、紡織製造、食品加工、大豆加工、工程和農業設備製造	農業人口占七〇%，是印度農業之邦／「比莫貝特卡石窟」內發現最早的人類舞蹈證據／亦稱為「印度的心臟」／素有「古音樂之都」／桑奇佛塔所在之地
中印度	恰蒂斯加爾邦 Chhattisgarh	賴布爾 Raipur	印地語、恰蒂斯加爾語	農業、金屬礦業、水泥、煤炭、手工藝	二〇〇〇年才脫離中央邦獨立為一邦／是印度唯一一個產錫的邦

西印度				
馬哈拉施特拉邦 Maharashtra	孟買 Mumbai	馬拉提語、印度語及英語／印度教為主要宗教	旅遊觀光業、汽車、IT、ITeS、化工、紡織等產業，以及食品加工集群	孟買是商業娛樂之都／寶萊塢的基地／最大港口及工商金融中心／印度 GDP 最高的邦
古吉拉特邦 Gujarat	甘地納加 Gandhinagar	官方用語為古吉拉特語，印度語和英語次之／宗教以印度教為主、回教和其他宗教次之	工業發展較其他邦來得成熟，並發展再生能源，亦有礦業及農業／石化、製藥、紡織	禁賣酒及全邦為素邦（不可賣葷類食物）／禁止酒精飲料消費與製造
果亞邦 Goa	帕納吉 Panjim	官方用語為康坎語，其次是馬拉地語和英語／居民信奉印度教、天主教和回教	觀光業、礦業、農業和漁業以及採礦	曾被葡萄牙殖民約五百年，隨處可見聖母瑪利亞像和教堂，印度教寺廟反而較少／一九六〇年代披頭四曾經造訪
達曼及第烏聯邦屬地 Daman and Diu；達德拉及納加爾．哈維利聯邦屬地 Dadra and Nagar Haveli	達曼 Daman	古吉拉特語、印度語和英語	滌綸和棉紗、增塑劑、造紙石油副產品、製藥、塑料、電導體和大理石瓷磚	二〇一九年十二月九日將兩個屬地合併為一個聯合領土／為印度的塑膠生產貢獻了二八%／印度八〇%的滌綸紗線在這裡生產

東北印度（東北七姐妹＋錫金邦）

錫金邦 Sikkim	甘托克 Gangtok	居民多為尼泊爾人，信奉印度教及藏傳佛教。官方用語有11種之多：錫金語、尼泊爾語、不丹語、雷布查語、林布語、尼瓦爾語、拉伊語、古隆語、蘇努瓦爾語、塔芒語、雪巴語	農業、林業、觀光業、礦業、手工業、水力發電	原是君主世襲的小國／需先提出申請才能進入／是印度及全球第一個全面有機方式栽種的地區／印度最大的大荳蔻生產邦
阿薩姆邦 Assam	迪斯普爾 Dispur	阿薩姆語為主，孟加拉語其次／印度教為主，伊斯蘭教為第二宗教，少部分人信仰基督教	製茶業、觀光業、農業／竹子加工／竹子絲綢／有機農產	阿薩姆茶世界聞名／東北地區人口最多的一個邦／印度傳統八大古典舞蹈薩蒂亞舞的發源地
梅加拉亞邦 Meghalaya	西隆 Shillong	伽羅語、卡西語和英語／基督教為主	農業／農業加工、礦業、園藝、旅遊	母系社會，有另外一個名字叫「女兒國」／印度東北部最大的煤炭和石灰石生產地
曼尼普爾邦 Manipur	因帕爾 Imphal	曼尼普爾語／印度教和基督教為主，少數人信仰伊斯蘭教	農業、林業、養蠶、有機農產	曼尼普爾意思為「珍珠城」／飲食偏向緬甸或漢族／印度前往東南亞的門戶(可由此邦直接陸路直達緬甸)／印度的百香果生產地／印度傳統八大古典舞蹈曼尼普爾舞的發源地

東北印度（東北七姐妹＋錫金邦）	米佐拉姆邦 Mizoram	艾藻爾 Aizawl	米佐語為主／基督教（查那教派）為主要宗教	紡織和手搖織機／養殖漁業／食品加工／有機農產	米佐人的外貌比其他東北幾個邦要更像華人／竹林覆蓋全邦五一％／印度第四大草莓生產地／印度最高的森林覆蓋率
	那加蘭邦 Nagaland	科希馬 Kohima	那加語／主要的宗教為基督教	農業、礦業、養蜂業、養蠶、有機農產、手工及手紡製品	以蘭花著名，境內多達三六〇種蘭花／印度第三大鈷生產地／那加蘭邦的犀鳥節（每年十二月）／納加辣椒是世界上最辣的辣椒之一
	特里普拉邦 Tripura	阿加爾塔拉 Agartala	官方語言為孟加拉語／印度教為主，少數人信仰伊斯蘭教或基督教	農業，水稻是主要的農作物／茶、食品加工	自然森林資源豐富／第二大橡膠生產邦
	阿魯納恰爾邦 Arunachal Pradesh	伊塔那噶 Itanagar	方言為克羅語（藏語的一種）／信奉基督教、印度教、日月教和藏傳佛教為主，及少數伊斯蘭教	農業、森林、紡織、藥物植物、水力發電	與中國有領土爭議，必須事先申請特別通行證／印度東北七姐妹，邊境最長的一邦／印度最大的達旺寺所在地／有八十二種不同部落，絕大部分是蒙古人種的漢藏語系
東印度	賈坎德邦 Jharkhand	蘭契 Ranchi	以印度語、烏爾都語及英語為主／印度教為主，伊斯蘭教、基督教次之	農林業、礦業、汽車零部件行業、電力項目、水泥廠、紡織業	蘭契市亦被稱為「瀑布和湖泊之城」／有豐富的礦產資源，亦稱為「東方的曼徹斯特」／世界第十大鋼鐵製造商塔塔鋼鐵在此生產鋼鐵／印度最大的塔薩爾絲綢生產地／印度傳統八大古典舞蹈查烏舞的發源地

地區	邦	首府	民族／語言／宗教	產業	特色
東印度	奧迪沙邦 Odisha	布巴內什瓦爾 Bhubaneswar	據說奧里薩人就是孔雀王朝阿育王時期說「摩揭陀語」的後代／奧里亞語、印地語／印度教為主	農業、手工業、木雕、石雕、水產養殖與加工出口、農產食品加工業、電子業、觀光業	布巴內什瓦爾、科納克和普里三城是東印度的旅遊金三角／很多出土一半的佛教遺址／印度傳統八大古典舞蹈奧迪西舞的發源地
東印度	西孟加拉邦 West Bengal	加爾各答 Kolkata	官方語言為孟加拉語和英語／印度教為主，伊斯蘭教次之	農業、棉麻紡織、製茶、製糖、鋼鐵、造紙	加爾各答是東印度和東北印度主要商業和金融中心／加爾各答證券交易所是印度第二大交易所／泰戈爾的故鄉／德蕾莎修女的垂死之家亦在此／有全印度第一條地下鐵／著名的大吉嶺茶之鄉／印度第二大茶葉產地／全國第三大稻米產地
東印度	比哈爾邦 Bihar	巴特那 Patna	比哈爾語、印度語、烏爾都語／印度教	工業、觀光業、服務業、製糖業／農業，產芡實(Makhana)與荔枝，產量為印度第一	為目前已出土的佛教遺跡中最多的一邦／大部分居民信奉的是印度教而非佛教／佛陀悟道地（菩提伽耶）、涅槃地（毘舍離 Vaishali）／佛教聖地王舍城／古印度佛教中心那爛陀所在地／印度第三大蔬菜產地，第六大水果產地／禁止販賣酒精飲料與製造
南印度	坦米爾納杜邦 Tamil Nadu	清奈 Chennai	坦米爾人／坦米爾語、英語、法語／印度教為主，基督教、伊斯蘭教次之	南印產業及經貿發展重鎮，製鞋業、資訊科技業、製造、手工藝品、汽車、製藥、紡織、皮革製品、化學品、可再生能源	清奈是印度東南沿海最大港口及工商都市／聯合國教科文組織唯一認可的國際生態村－曙光村所在地／一年一度的馴牛節及豐收節(Pongal)／印度三大電影康萊塢的產地／目前全印經濟特區數量最多的一邦（41個）／印度傳統八大古典舞蹈婆羅多舞的發源地

南印度				
卡納塔克邦 Karnataka	班加羅爾 Bengaluru	印度教為主，其次為伊斯蘭教，少數人是基督教、耆那教／英語、坎納達語、坦米爾語、泰盧固語、印度語	汽車、電子、食品加工、重型機械和紡織行業／資訊科技重地，航空航天和國防設備	即將有「清奈－班加羅爾工業走廊」／班加羅爾有「印度矽谷」及「花園都市」美稱／印度最大的軟體外包出口地／印度最大的咖啡生產地／印度最大的航空航天和國防設備生產地
安得拉邦 Andhra Pradesh	海德拉巴 Hyderabad	泰盧固語、烏爾都語／九成居民信仰印度教	農業、礦業、資訊業、製造業，主要產業包括機械、電機、肥料、水泥、化工等	與泰倫加納邦共用首府／有名的香料飯 Briyani 發源地／國際ＩＴ產業及資訊外包中心／印度三大電影托萊塢電影產地／印度傳統八大古典舞蹈庫奇普迪舞的發源地
泰倫加納邦 Telangana	海德拉巴 Hyderabad	泰盧固語、烏爾都語／八成以上居民信仰印度教	資訊軟體業、生技業、其他製造業	原屬安得拉邦，二〇一四年二月分出來成為新的一邦／國際ＩＴ產業及資訊外包中心
喀拉拉邦 Kerala	特拉凡德倫 Trivandrum	馬拉雅拉姆語為主，英語及印度語次之／主要信奉天主教而非印度教	草藥、貿易、香料、觀光、食品加工、橡膠業、海產	教育水準及識字率為全印最高的一邦／阿育吠陀療法及草藥的來源地／有著名的 backwater 回水／有一座醫材製造園區／印度傳統八大古典舞蹈卡塔卡利舞及摩西尼亞坦舞的發源地
旁迪切里聯邦屬地 Pondicherry	旁迪切里市 Pondicherry	坦米爾語、印地語	農業、旅遊業	電影「少年Pi的奇幻漂流」部分場景拍攝地／前法國殖民地／主要作物是稻米

南印度				
拉克沙群島聯邦屬地 Lakshadweep	卡瓦拉蒂 Kavaratti	馬拉雅拉姆語、英語	海域漁業	拉克沙群島在梵語裡意為「百萬島嶼」／豐富的椰殼資源／印度人均魚類供應量最高／禁止酒精飲料消費與製造／是印度最小的聯邦屬地
安達曼-尼科巴群島聯邦屬地 Andaman and Nicobar Islands	布萊爾港 Port Blair	孟加拉語、坦米爾語、印地語、泰盧固語	觀光業為主，尤其以浮潛海底資源著名／漁業、農業	安達曼來自馬來語對印度猴神（漢奴曼）的稱呼／尼科巴有「裸人國」之意／印度二十盧比的背景地／擁有超過八六%的熱帶雨林面積／島嶼周圍的海岸帶是世界上最豐富的珊瑚礁生態系統之一

附錄 2

印度的十七大族群

剛來印度的前幾年，有時走在路上會看到東方臉孔的人，當時我還不太了解印度的族群，所以在想要找人說中文的情況下，都會很興奮地上前詢問對方是否是說中文的華人。結果他們都是道道地地的印度人，而非華人。他們都來自印度東北。

之前曾在印度展會上看到幾個印度人在聊天，但都是用英文交談，覺得很納悶，怎麼不用「印度文」交流？印度文不是印度人的母語嗎？印度友人答到，英文是唯一可以溝通的語言。長居印度後，才發現當時的自己是用台灣角度去思考。

從古印度期間開始，印度長期被外族統治，從雅利安人、波斯人、希臘人（亞歷山大）、大月氏人、阿拉伯人、伊朗和阿富汗、突厥人等，到後來的英國人，當地人不斷與外族通婚、融合，也因此印度的族群相對比其他國家來得眾多與複雜。

紙幣上有十七種官方語言

因為種族眾多，所以各地各邦各區的官方語言皆不同，印度官方的表定用語就有二十二種。然而使用印度語（或稱印地語）的人口仍是最多的，占印度總人口的四三・六三％，其次為孟加拉語占八・三％，再來則是馬拉地語和泰盧固語，梵語是目前二十二種表定語言中最少被使用的語言。

50 元紙幣正面 2 種官方語言	
Language	₹ 50
英語 English	Fifty rupees
印度語 Hindi	पचास रुपये
紙幣背面 15 種官方語言	
阿薩姆語 Assamese	পঞ্চাশ টকা
孟加拉語 Bengali	পঞ্চাশ টাকা
古吉拉特語 Gujarati	પચાસ રૂપિયા
卡納達語 Kannada	ಐವತ್ತು ರೂಪಾಯಿಗಳು
喀什米爾語 Kashmiri	پنژاہ روپیہ
康坎語 Konkani	पन्नास रुपया
馬拉雅拉姆語 Malayalam	അൻപതു രൂപ
馬拉地語 Marathi	पन्नास रुपये
尼泊爾語 Nepali	पचास रुपियाँ
奧理亞語 Odia	ପଚାଶ ଟଙ୍କା
旁遮普語 Punjabi	ਪੰਜਾਹ ਰੁਪਏ
梵語 Sanskrit	पञ्चाशत् रूप्यकाणि
坦米爾語 Tamil	ஐம்பது ரூபாய்
泰盧固語 Telugu	యాభై రూపాయలు
烏爾都語 Urdu	پچاس روپے

印度紙幣即充分表現出印度多語言的特色，可以看到有多達十七種官方表定用語印在五十元紙幣上，正面是英文和印度文兩種，背面則有十五種。

十七族群大致分類

若以孟買做簡單的南北劃分，可以說孟買以北的人較高大、膚色較白、聰明、生意人較多；孟買以南的人較矮小、膚色較暗、老實、讀書人較多。外加地形及氣候關係，北印度的人種（含身材、膚色）大多偏向西方人，在北北印的喀什米爾亦可看到眼睛綠色、藍色及膚色偏白的印度人（北方以

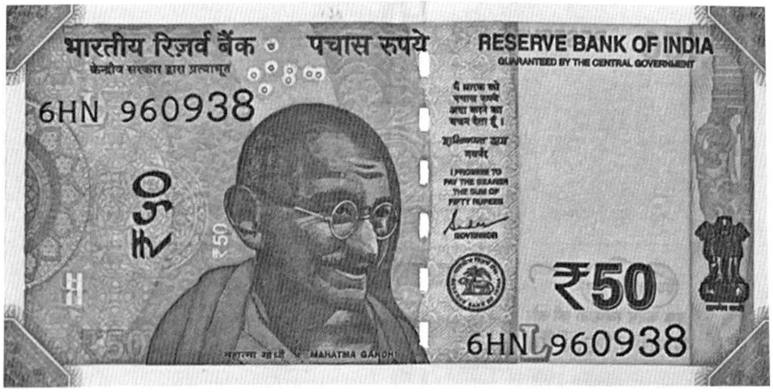

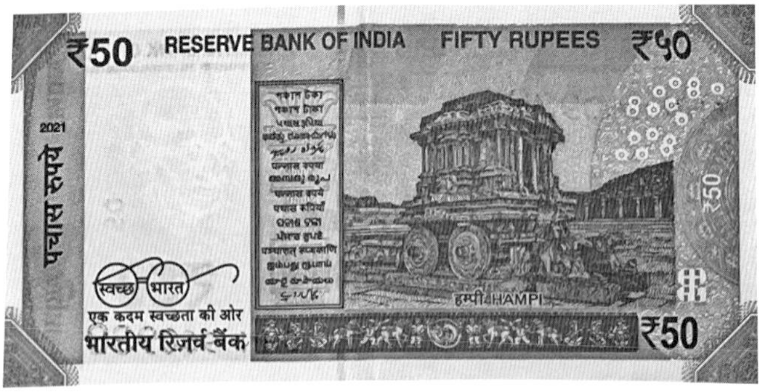

白膚色的雅利安人居多）。而南印度，則因為在古印度期間，被雅利安人驅往南遷的達羅毗茶人後裔居多，故膚色較深。

印度的族群很複雜也很多，粗分可以大略分成三組，共十七種主要族群。

第一組：依人種／族群分類

此分類是以使用較多的當地語言和族群做大略的區分，像古吉拉特人、馬拉塔人、坦米爾人、孟加拉人、旁遮普人、馬爾瓦里人、喀什米爾人。

族群：古吉拉特人

分布地：印度西部，古吉拉特邦

人種／語言／宗教信仰：屬歐羅巴人種，但混有達羅毗茶人種（棕色人種）和蒙古人種血統。說古吉拉特語，多信印度教。

產業：手工業以家織布、金屬加工和珠寶首飾業較發達。

食衣住行／特色：農村主要穿圍褲，頭包大頭巾。城市多穿無領長袖衫或襯衣，外套緊領長衣或西服，戴黑尖帽或甘地帽（船形白帽）。婦女多圍裹紗麗。城市居民以麵食為主，大米為輔。農村則以高粱、粟米為主食。

族群：馬拉塔人（亦稱馬拉地人）

分布地：印度中西部

人種／語言／宗教信仰：屬雅利安人與達羅毗茶人的混血後裔，後又融入古賈爾人和拉賈斯坦人的血統。使用馬拉地語，多信印度教。「馬拉施特拉」在印地語中的意思是「偉大的民族」。馬拉塔人占印度總人口的七．六％。

產業：馬哈拉施特拉邦首府孟買是印度電影寶萊塢的發源地，也是印度紡織業的發源地，是世界上最大的紡織品出口港之一。各種印度花布、麻紗大都從這裡輸出。除了紡織業外，馬哈拉施特拉邦也有農業。

食衣住行／特色：食物和北印差不多，並沒有特別的不同，以米飯、餅、奶、奶油、酥油和蔬菜為主。身材骨架較北印人來得嬌小一些。

族群：坦米爾人

分布地：印度南部、坦米爾納杜邦、安得拉邦和喀拉拉邦

人種／語言／宗教信仰：屬達羅毗茶語系南部語族，使用坦米爾語，是達羅毗茶語系最重要的語言。坦米爾人信奉一神的守貞專奉派（bhakti）。

產業：坦米爾人在建築、青銅雕塑、航海、數學和醫學上都有一定的成就。在印度海外僑民中有很多都是坦米爾人，像在新加坡的小印度區絕大部分的人都是坦米爾人。

食衣住行／特色：坦米爾族人以大米為主食，喜吃酸辣味食物、椰油、葷食和咖啡。傳統上，坦米爾人坐在地板上用餐，食物則盛於香蕉葉上，用右手吃飯。

坦米爾男人的傳統服飾稱為隆吉（Lungi），是一條褲裙，由長兩公尺的棉織品或絲綢品

縫成寬口狀，並於中間打結而成，同時配上長袖襯衫或安高維斯特拉（Angavastra，棉織品像披肩的小布單可以直接披在肩膀上）。女性則以紗麗為主，頭上別有鮮花。

族群：孟加拉人

分布地：印度東部，西孟加拉邦

人種／語言／宗教信仰：主要語言是孟加拉語，六〇％人口是穆斯林。

產業：農業為主要的產業，以水稻、黃麻、棉紡織和甘蔗及茶業聞名。

食衣住行／特色：孟加拉人一般口味不喜太鹹，但愛辛辣味。主食以米飯為主。孟加拉人男人的傳統服飾是鬪緹（Dhoti）或稱鬪緹旁佳比（DhotiPanjabi），與棉或絲綢的平紋纏腰布搭配。配上Kurta或稱Punjabi的上衣，上衣長度長至膝蓋或小腿都有。女性則以素色紗麗（顏色為白色或淺白色），邊框為鮮紅色為主。

第二組：依宗教分類

除了印度教徒（占全印度七九．八％）外，還有帕西教徒（拜火教）、基督教徒、錫克教徒、穆斯林（伊斯蘭教）、博拉人（伊斯蘭教）、佛教及耆那教。

族群：印度教

分布地：全印度（只定義在印度的部分）

人種／語言／宗教信仰：主要信奉多神的印度教。

主要的三尊主神：梵天（Brahma，主管創造）、毗濕奴（Vishnu，主管保護）與濕婆神（Shiva，主管毀滅）。另有象神（Ganesha）、財神俱吠羅（Kuvera）和財神拉希米女神（Lakshimi，即吉祥天女）。當地店家比較多人拜的財神為象神及拉希米女神。

產業：各產業

食衣住行／特色：素食者居多，相信輪迴，認為人的一生起於恆河、終於恆河。透過瑜伽、靜心可以達到自我解脫及合一境界。

族群：旁遮普人

分布地：巴基斯坦、印度北部、旁遮普邦

人種／語言／宗教信仰：主要語言是旁遮普語。在印度的旁遮普人，主要信仰為錫克教，少數為印度教。在巴基斯坦的旁遮普人則信奉回教為主。

產業：「旁遮普」一詞在印度語中，代表的是「五河流經之地」，即傑赫勒姆河（Jhelum）、奇納布河（Chenab）、拉維河（Ravi）、薩特萊傑河（Sutlej）和比亞斯河（Beas）五條河，不論在巴基斯坦或印度，都是農業最發達的地區。大部分旁遮普人多從事商業或農業的工作。

食衣住行／特色：不論男女皆體型高大，身材魁梧。傳統上旁遮普男人會穿庫塔配塔巴（Tamba，類似沙龍布並纏在腰上），並纏上或包上頭巾；女性服裝則以色樂瓦（salwar suit）為主，長版上衣＋寬松的燈籠褲＋一條長圍巾度帕塔（Duptta）或初霓（chunni），

又稱旁遮比裝。不論是度帕塔或是初霓，常繡上各式花色圖案。
因為農產品甚多，所以旁遮普人通常也比較重視美食。主食為小麥，大米和乳製品，同時喜歡使用印度奶油（Ghee）做料理。

族群：帕西人

分布地：印度中西部、印度南部、班加羅爾、孟買區、馬哈拉施特拉邦、古吉拉特邦

人種／語言／宗教信仰：在八到十世紀間，一部分堅持信奉瑣羅亞斯德教（即拜火教）的波斯人，不願改信伊斯蘭教而移居到印度西海岸古吉拉特邦一帶。被印度人稱為「帕西人」（Parsi）。主要語言為古吉拉特語。

產業：帕西人人數很少，只有三萬五千人左右，但他們在教育界、工商界甚至是政界也都具有非常重要的影響力。例如赫赫有名的甘地家族（Gandhi Family）及塔塔集團（Tata）、格德瑞集團（Godrej）和瓦迪亞集團（Wadia）等屬一屬二的家族大集團都屬於帕西家族。

註：二〇一六的資料全印度的帕西人為六萬一千人左右。二〇一九的資料顯示，目前居住在孟買的帕西人數在三萬五千至三萬八千人。粗略估算全印度的帕西人口應是在四萬人上下。二〇二一的數據只有七千五百人。但這個數據尚有疑點，所以在此採用二〇一九的數據，以孟買的三萬五千至三萬八千人為主。

食衣住行／特色：由於經濟狀況的問題，印度的帕西人相較其他波斯人比較少吃肉類、

魚類和雞肉。帕西人每逢慶典或節日，都會戴起帕西族特有的白帽並著白衣。在人往生後，不像印度教是火葬或回教土葬的方式，帕西族會以天葬傳統方式進行。目前印度帕西人口正以每十年人口減少一二%的速度消失。為此，聯合國教科文組織特地撥出專款，與新德里的政府合作設立了「帕西拜火教遺產保護專案」（PARZOR Project）。

族群：馬爾瓦里人

分布地：印度北部、拉賈斯坦邦

人種／語言／宗教信仰：主要的語言是馬爾瓦里語。大部分是素食者，印度教為主要的宗教。馬爾瓦里人主要居住在拉賈斯坦邦，其中又以久德浦、比卡內爾（Bikaner）、巴爾梅爾（Barmer）、納高爾（Nagaur）和巴利（Pali）這些城市為主。

產業：馬爾瓦里人幾乎都是商人。十八至十九世紀，許多馬爾瓦里人遷移到緬甸、孟加拉國和印度東部的加爾各答，用他們的商業天賦幫助當地人發展經濟。從賈格特（Jagath Seth）到貝拉（Birlas）家族企業，都是在印度經商非常有名的馬爾瓦里人。

食衣住行／特色：馬爾瓦里人傳統的衣著和拉賈斯坦人差不多，男性穿著一件長大衣，長度通常是到膝蓋，並搭配寬鬆或是緊身的褲子，一般在婚禮上長衣服大多為奶白、象牙、彩色或金黃色；女性則以一件短袖上衣和一條長裙組成並配上長圍巾度帕塔為主。

族群：基督徒

分布地：在二十世紀，發展最快的基督教社區位於印度東北部，包括梅加拉亞邦，米佐拉姆邦、那加蘭邦、曼尼普爾邦、阿魯納恰爾邦和山地部落，及印度南部喀拉拉邦和沿海的安得拉邦、坦米爾納杜邦、喀拉拉邦、卡納卡塔南岸等。

人種／語言／宗教信仰：基督徒教人在二〇一六年已占印度總人口四％，僅次於回教及印度教，屬於印度第三大宗教。印度約有七三％的基督徒是天主教，且大部分集中在喀拉拉邦。

產業：基督徒從事的行業有農業、服務業，如ＩＴ產業的call center、觀光服務業（飯店或餐廳）、設計師或是非營利機構等等。

食衣住行／特色：大部分基督徒屬於低種姓或是山地部落原住民，基督教教會藉由傳教士在語言及文學上，提供了非印度教的文化模式給這些低種姓及山地部落，同時透過在當地的各種慈善服務，牽起了各族群間的團結。

族群：錫克人（信奉錫克教的教徒）

分布地：印度北部、旁遮普邦

在印度的阿姆利則有著錫克教的聖廟（聖地）黃金寺廟

人種／語言／宗教信仰：錫克人主要語言是旁遮普語，大部分錫克人位在印度北部的旁遮普邦境內。錫克人的 Sikh 一詞在梵文是弟子或學生之意。

產業：大部分是商人，或是從事軍職。

食衣住行／特色：錫克男人身形高大魁梧，包頭巾、蓄鬍。錫克人擁有特別的 5 Ks標誌：Kesh（留髮和蓄鬍）、Kanga（木梳子）、Kara（鋼／鐵手鐲）、Kirpan（配短劍）以及 Kachera（內著短褲）。通常錫克人不可剪髮，所以會用不同顏色的頭巾包裹。大家經常在街上看到佩戴各種顏色頭巾的印度人即為錫克人。但由於美國九一一事件後，很多西方人誤認錫克人是回教徒而被攻擊，所以，在錫克長老開會決定下允許不用包頭巾。新世代的錫克人已較少包頭巾，但手上仍會戴手鐲。

錫克人大部分是商人，或從事軍職，基本上錫克人和旁遮普人很像，有時錫克人也會說自己是旁遮普人。衣著及食物上都和旁遮普人相似。

族群：穆斯林（信奉伊斯蘭教的教徒）

分布地：印度北部喀什米爾、印度南部喀拉拉邦、西孟加拉邦、阿薩姆邦

人種／語言／宗教信仰：主要的語言是烏爾都語。而伊斯蘭教是印度的第二大宗教，於二〇一八年統計占總人口一四．二％，約二億人。

穆斯林一般姓氏為 Khan，像寶萊塢的三K王（Shah Rukh Khan、Aamir Khan、Salman Khan）皆是穆斯林。

產業：穆斯林從事行業也很廣泛，有醫師、工程師、製造業、影視娛樂業、觀光業、農業、紡織業等等。

食衣住行／特色：穆斯林不吃豬肉但吃羊肉，也有些穆斯林是素食者。穆斯林男性傳統衣著為庫塔，搭配帕嘉瑪（Pyjamas）的長褲，並戴著塔基亞（Taqiyah）白色針織穆斯林祈禱帽。女性穿著就比較多樣了。在大城市裡，女性以三件式的薩爾瓦卡米茲的服裝Shalwar（寬鬆長褲）和Kameez（長過膝的上衣）和長圍巾度帕塔；在二、三線城市或是比較保守小城，女性則會以長袖、寬鬆，且以純黑色的外罩袍「阿芭雅」（Abaya）服裝為主。

族群：博拉人（Bohri），或稱為達烏迪博拉人（Dawoodi Bohra）

分布地：印度西部古吉拉特邦、印度北部拉賈斯坦邦、西孟加拉邦、安得拉邦及坦米爾納杜邦

人種／語言／宗教信仰：信奉伊斯蘭教，屬什葉派的分支博拉教派（Bohra）教徒，主要的語言為古吉拉特方言。

產業：博拉人是一個很重視貿易的族群，定期與其他族群進行貿易，但卻不與這些族群中的穆斯林交往，雙方保持一定的距離。在古吉拉特語中，博拉的意思就是「貿易」。

食衣住行／特色：博拉人社區擁有豐富的阿拉伯文學遺產。博拉人在參加重要會議的傳統衣著，男性為三件式白色衣著：上身穿著庫塔上衣，配上同樣長的外衣（saya），及用一塊白布紮腰間的衣紮爾（Izaar），再戴上白底金邊的Kufi（或Topi）帽，同時，大多數男人都留鬍子。至於女性會穿著名為蕊搭（Rida）的兩件式連衣罩裙。

族群：喀什米爾人

分布地：大部分喀什米爾人居住在喀什米爾區，少部分則住在查謨區

人種／語言／宗教信仰：主要語言是喀什米爾語。喀什米爾區七七％人口信奉伊斯蘭教，二〇％信奉印度教，其餘為錫克教徒和佛教徒。信奉伊斯蘭教的喀什米爾人，來自於伊斯蘭教的遜尼教派。

在人種上，喀什米爾人趨向中亞民族甚至是歐洲人。在喀什米爾亦可不時看到綠色眼睛、藍色眼睛及膚色偏白的當地人。

產業：居住在喀什米爾的喀什米爾人以農業（畜牧）、地毯工藝、羊毛織品業及觀光業為主

食衣住行／特色：在冬天，不論男女，上衣都會穿上叫「菲仁」（Pheran）的喀什米爾當地的傳統服裝，菲仁是由羊毛或斜紋布做成的長斗篷。因冬天很冷甚至會下雪，所以在冬天時當地人都會各自拎一個小暖爐蓋在這斗篷下取暖。夏天時，則會改穿布料為棉織品的菲仁。

族群：拉達克人

分布地：印度北部，拉達克聯邦屬地

人種／語言／宗教信仰：位在拉達克的喀什米爾人，大部分是西藏人後裔，所以，當地除了印度教外，也信奉藏傳佛教及部分伊斯蘭教。所以在拉達克的喀什米爾人叫

「拉達克人」而非「喀什米爾人」。當地的語言為拉達克語（即古語藏語 The Ladakhi language）。

產業：拉達克位在海拔三千至七千公尺之間，且是世界上最崎嶇、最荒蕪的山地之一的地方，當地以觀光業為主。

食衣住行／特色：當地食物跟西藏食物很相似，文化雷同，人也長得跟藏人差不多。

第三組：依原住民做分類

印度部落族群，它們在印度也被稱為「阿迪瓦斯」（Adivasis）。目前印度官方的表定部落族群有七〇五族，約占印度總人口數的九%左右。每個部落都有自己的文化——食物、節日、舞蹈、音樂、宗教和語言；這些部落各自獨立生活，有些生活在森林中，有些不與外界連絡；有些則因慢慢與城市接觸而部落人數逐年降低。

族群：比爾族人（Bhil）

分布地：恰蒂斯加爾邦、古吉拉特邦、卡納塔克邦、中央邦、馬哈拉施特拉邦、安得拉邦和拉賈斯坦邦

人種／語言／宗教信仰：印度三大原住民部落之一，語言為比爾語，這個名字來自「billu」一詞，意思是「鞠躬」。

產業：大部分是農民和農業勞動者。

食衣住行／特色：比爾族人擁有豐富而獨特的文化，比爾族人繪畫的特點，即利用不同

顏色的色點連結而創造出不同風格的比爾族圖騰畫。

族群： 龔德族人（Gond）

分布地： 恰蒂斯加爾邦、古吉拉特邦、卡納塔克邦、中央邦、馬哈拉施特拉邦，大多居住在德干高原森林區中（以中央邦居多）

人種／語言／宗教信仰： 以農業為主

產業： 大部分是農民和農業勞動者。

食衣住行／特色： 主食是 kodo 和 kutki 兩種小米。龔德族的繪畫藝術非常具有特色，大多是以自然景象為繪畫主題。若有機會去探訪卡修拉荷及桑齊佛塔，或許可以再往班達迦（Bandhavgarh）走走，體驗一下龔德族人部落的獨特生活方式。

族群： 桑塔族人（Santhal Tribes）

分布地： 主要分布在西孟加拉邦，其他則分布在阿薩姆邦、比哈爾邦、恰蒂斯加爾邦、賈坎德邦和奧迪沙邦

人種／語言／宗教信仰： 桑塔族人是印度最大和最古老的部落，主要語言是桑塔語。

產業： 以務農為主，也精通狩獵和養蠶藝術。

食衣住行／特色： 桑塔人亦和其他部落一樣，善於跳舞及唱歌。

族群：孟達族人（Munda）

分布地：主要居住在賈坎德邦（蘭契），其他則分布在奧迪沙邦、西孟加拉邦、恰蒂斯加爾邦、中央邦和特里普拉邦

人種／語言／宗教信仰：孟達是印度三大原住民部落的其中之一，屬高山部落。

產業：目前仍維持狩獵的傳統，但慢慢的轉移為務農。

食衣住行／特色：孟達人天生血統裡就有舞蹈細胞和一副好嗓子，所以孟達族人的音樂及舞蹈非常多樣。孟達人的歌曲大部分也都是在讚歎大自然，而孟達舞蹈稱做Nupur舞（腳鐲舞）是傳統孟達人謝天的舞蹈，有點像台灣原住民在豐年季時的舞蹈。另外，在年長孟達人女性身上可以看到傳統孟達長者才有「鼻環」的特徵。

註：以上的「產業」只是大概的分類，沒有絕對。因為目前幾乎所有的行業不管是哪種人種或是族群都有跨足不同領域及行業，像古吉拉特人分布在古吉拉特邦，目前在古吉拉特邦有很多的經濟特區，所以產業未必是只有手工業、金屬加工業等，有些像是輪胎廠、包裝材料廠、鋼廠都分布在此州。而馬拉塔人位在印度最富有的馬哈拉施特拉邦，此區不只有電影、紡織、農業，還有教育、汽車製造業及ＩＴ特區及觀光業等都很發達。坦米爾人分布地在印度南部、坦米爾納杜邦、安得拉邦和喀拉拉邦，這些地區的坦米爾人也跨足ＩＴ相關產業及漁業和觀光業。然而，這份整理對於快速認識印度各族群的文化特色，還是可以參考一覽。

附錄 3

印度歷史簡單說

印度是世界四大古文明之一，現代印度多元豐富的種族及語言是在悠久的歷史中逐漸形成。公元前二五〇〇年以前屬於印度的史前時代（石器世代），在今中央邦的凡迪揚區（Vindhya Range/Vindhyachal）之山腳下的比莫貝特卡石窟遺址內，發現了可追溯到公元三萬年前的岩畫。這些岩畫也是最早人類舞蹈的證據。

吠陀經問世

古印度文明起源於公元前二〇〇〇年的印度河及薩拉斯瓦蒂河（Saraswat，是吠陀宗教的起源地，在吠陀時期的地位相當於後來的恆河，現已經完全枯竭，僅存遺址）。當時的達羅毗荼人（Dravidian peoples，也稱作德拉維達人）居住於印度西北部。

大約公元前一七〇〇年雅利安人入侵，當

時的原住民達羅毗荼人，持續由印度西北部遷往東南部，並形成了北達羅毗荼、中達羅毗荼和南達羅毗荼三個方言群。雅利安人在文化上及生活上與當地人學習，此時期即進入了「吠陀時期」，而此正是印度神聖經典《吠陀經》（Vedas）彙編的時間。「吠陀」是「知識」、「啟示」之意，《吠陀經》展現了早期印度教歷史、藝術科學和哲學等基本觀念的發展，也是婆羅門教和現代印度教最重要、最根本的經典。

公元前五九九年伐達摩那（Mahavira，又稱摩訶毘羅，意為大雄）出生，伐達摩那創立了耆那教（Jainism，現在耆那教約有四至五百萬信徒，大部分生活在印度西部及南部各邦）。二〇一一年時我曾與朋友們走訪南印耆那教聖地 Vindhyagiri，當時在山下只能看到一大片光禿禿的石頭山，大家就這麼光著腳順著石頭山一步一步走上去，沿路能看到很多石雕，有些是刻在地上，有些則是刻在石柱上，很特別。越過石頭山後，往山谷走下去，看到一尊高約十七公尺的裸體大雄石雕像，巨型石像就這麼赤裸裸地矗立眼前，瞬間感到很不好意思，但畢竟是聖地，所以也跟信徒們一起膜拜。離開下山時，看到有中年婦女因無法自行走下山，而請四位轎夫抬她下山，周遭其他觀光客許多不乏白髮蒼蒼的阿公阿嬤們都可以慢慢走下山，這個對比的景象很有意思。

佛陀誕生

公元前五六三年悉達多（Siddhartha，即釋迦牟尼佛）出生，創立了世界三大宗教之一的佛教。佛陀一生多半在摩羯陀國（Magádha，馬嘎塔國），佛教史上的第一次結集（王舍城）、第三次結集（巴嗒厘子城）都在摩羯陀國，因此，成為印度重要佛教聖地之一。佛陀講經說法時，所使用的方言是摩羯陀語，又稱為「馬嘎底語」（Magadhika），後來成為「巴厘語」（Pali），這本「佛陀說法記」則成為後世重要的佛陀語錄。

佛教最重要的聖地在菩提伽耶（Bodhgaya）。二〇一一年三月我曾帶著客人前往菩提伽耶，記得在走出大覺寺（或稱摩訶菩提僧伽耶寺 Mahabodhi Temple）後，客人邀請我跟著他們以「順時針」方向繞大覺寺佛塔，可以把功德回向給自己與親朋好友，是一種祈福的儀式。

走著走著，有樹葉從我身旁落下，突然間坐在圍牆旁的觀光客及佛教徒們，全部衝向我，搶著把那唯一落下來的樹葉撿起來。我一頭霧水。走在我身旁的客人，都睜著大大的眼睛看著我（當時在回向，不能說話），待走完特定圈數後，客人趕緊問我：「怎麼不撿起那葉子呢？」我反問：「為什麼要撿那葉子？葉子不能隨便摘吧？」客人們大笑並指著那棵大樹說：「那是佛陀留下來的菩提樹，菩提樹掉落下來的葉子只給有緣人，不能隨便摘。」然後又順手指了指其他人說：「那些人其實都在等掉落下來的菩提葉。」這時我才恍然大悟。後來我們大家也停留了一陣子，但就沒有再落下的菩提葉了。直到今日，當時客人們用大大的眼睛看著我的畫面我都還記憶猶新。

孔雀王朝古今一帝

公元前三二一年開國君主旃陀羅笈多（Chandragupta Maurya，即月護王）建立了中央集權的孔雀王朝（Maurya Empire）。孔雀王朝第三位君王阿育王（Ashoka the Great / Emperor Ashoka）是印度最偉大的帝王，有「古今一帝」（Chakravarti Samrat）之譽。阿育王的功績很多，如禁止殺生、濟弱扶貧，並廣設平民醫院等，最大的功績就是親自朝聖佛陀聖跡，建立了許多佛塔，廣派「說法大使」至周邊國家，讓佛教成為世界性宗教。根據在印度境內發現的四十餘處詔諭（石柱的柱身上有刻詔諭銘文）的分布地區可確定，在阿育王時代，其帝國版圖幾乎包括整個印度次大陸。

二〇一五年前往東部奧迪沙邦時，當時，前往道里（Dhauli）發現一座大象石刻。據說此大象石刻為佛教真正地起源點，在同一點也看到阿育王當時留下的詔諭。在奧迪沙邦這段期間發現很多藏傳佛教的遺跡但似乎礙於經費及交通較不方便，來此朝聖的佛教徒比起菩提伽耶少了很多，有些可惜。

然而孔雀王朝只維持到公元前一八四年（末代「巨車王」在宮廷政變被將軍暗殺）就結束了，印度中央集權的王朝徹底瓦解，進入長達五百年的南北割據局面，各個大小部落各自為政。

笈多王朝盛世發明阿拉伯數字

公元二四〇年室利笈多（Sri-Gupta）在北印度建立笈多王朝。笈多王朝是古印度規模最大的政治和軍事王朝（帝國）之一。這個時期被稱為「印度的黃金時代」，在科學、技術、工程學、藝術、辯論學、文學、邏輯學、數學、天文學、宗教和哲學領域上皆取得巨大成就，為印度帶來了和平與繁榮，對今日眾所周知的「印度文化」功不可沒。另外，十進位的數字系統，包括「零」的概念，也是在這個時期出現的。

室利笈多之孫旃陀羅．笈多一世（Chandragupta I）在位時，勢力更大，他放棄當時使用的巴厘文，恢復梵文，並採佛教的輪迴之說。同時，將婆羅門教遵奉的三十六神，改為三神，即保護神（毗濕奴，Vishnu），毀滅神（濕婆，Shiva），創造神（梵天，Brahma），進而演變成為今日的印度教。此外，他大力提倡文化、藝術、學術等。大家現今使用的阿拉伯數字即是在這個時間發明出來的，只是後來入侵的阿拉伯人因四處征戰而傳播到全世界，因此而被命名為阿拉伯數字。

接著，值得一提的是公元六〇六年建立的伐彈那王朝（Pushyabhuti Dynasty，戒日王朝）是印度史上一個極短但重要的王朝。戒日王（Harshavardhana）信奉婆羅門教的濕婆神，亦十分敬重佛教，容許人民擁有宗教自由，當時的印度基本上保持寬容的宗教氣氛。戒日王晚年皈依佛教，扶植佛教在印度繼續成長，封賞僧人土地，沿恆河兩岸建造了數以千計的佛塔，而著名的那爛陀寺（公元五世紀時，由笈多王朝鳩摩羅袋多王一世 Kumaragupta I 所建），也因此得到了極大的發展，自此成為世界佛學中心。

那爛陀寺是佛教聖地的黃金朝聖路線之一，我第一次造訪此地時，被大片遺跡震撼到，雖然都已毀壞了，但仍可見一間間的僧房學舍、大大小小石雕刻、牆畫和舍利塔，不難想像當時此地的盛況。

註：佛教聖地的朝聖路線主要以舍衛城 Shravasti、迦毗羅衛 Kapilavastu（尼泊爾境內）、藍毗尼 Lumbini（尼泊爾境內）、拘尸那揭羅 Kushinagar、吠舍離 Vaishali、那爛陀 Nalanda、王舍城 Rajgir（靈鷲山 Griddhakuta Peak）、菩提伽耶 Bodhgaya、鹿野苑 Sarnath、瓦拉納西 Varanasi 和僧伽施 Sankisa 為主。其他的佛教聖地則有：阿姜塔及艾羅拉石窟 Ajanta Caves & Ellora Caves、桑奇 Sanchi、拉達克 Ladakh、坎赫里石窟 Kanheri Cave、Laligiri、Ratnagiri 和 Udaiyagiri。

穆斯林入侵／蒙兀兒帝國統治／最後一個王朝馬拉塔王朝／英國接管

公元一〇〇〇年穆斯林加茲尼國的馬哈茂德（Mahmud of Ghazni）入侵，印度開始回教化；公元一一八六年：穆罕默德．古爾（Muhammad Ghori）建立古爾王朝（Ghurid dynasty）。在昌德瓦戰役（battle of chandawar）古爾王朝擊敗喬漢王朝（Chauhans of Sambhar），占領德里拉爾科特城，穆斯林穆罕默德控制了大部分北印，德里進入伊斯蘭時代。

公元一五二六年，成吉思汗和帖木兒的後裔巴布林（Zahiruddin Muhammad Babur）

自阿富汗南下，結束古爾王朝，於一一七五年建立的德里蘇丹國，開創了蒙兀兒帝國（蒙兀兒即蒙古的變音）。自第三任皇帝阿克巴至第六任奧朗則布（Aurangzeb）統治時期是王朝的全盛時期。

蒙兀兒帝國後期由於對印度教教徒重徵人頭稅，並恢復伊斯蘭教神權政治，很快激起了民憤，各地起義不斷。其中一支起義軍馬拉塔人（Marathi people）更是以復興印度帝國為口號，於公元一六七四建立馬拉塔王朝（又名馬拉塔聯盟），也是印度歷史上真正的最後一個印度教王朝。馬拉塔王朝在一八一八年敗給英國而滅亡，從此英國接管整個印度。

大家來到印度第一站大部分都是德里，在德里有很多世界文化遺產，如古達明納塔（Qutub Minar，亦稱勝利塔），此座高塔是全印度最高的拜喚塔，也是代表回教成功擊敗印度教的象徵。由於古達明納塔面積範圍很大且在飛機航道下，不時都可以看到高塔伴隨著飛機的身影，在黃昏時分更是觀看落日的好地方。另外，蒙兀兒帝國留下了相當多的文化藝術品和建築物，這些皆稱為蒙兀兒藝術。以建築物來說，如紅堡、古達明納塔、泰姬瑪哈陵、胡馬庸陵、阿克巴帝陵等都算是代表性的建築；以繪畫來說，則留下了著名的印度宮廷藝術繪畫，此繪畫主要題材大部分以宮廷場景、接見、動物、肖像等為主。若前往北印度旅遊如拉賈斯坦邦，不時能看到這類宮廷繪畫，非常引人入勝。

一八五七年，爆發著名的印度民族大起義。直接導火線是在印度裔士兵中流傳關於分發塗有動物油脂的子彈的傳言，嚴重觸犯印度人的宗教信仰。這場起義主要由王公們領導，並推舉末代蒙兀兒皇帝為名義上的領袖，全國人民全力參與，這次的起義迅速擴及印度領土的三分之二。英國人集中全部力量，利用錫克教徒和廓爾喀僱傭軍的人力，嚴厲地鎮壓這次起義。

印度獨立運動

一八八五年印度國民大會黨（簡稱「印度國大黨」）成立，在一九〇〇年至一九四七年間領導印度獨立運動。

一九〇五年至一九一五年這十年間，印度屬無政府時期。在一九一一年印度把首都從加爾各答遷到德里。一九一五年莫罕達斯・卡拉姆昌德・甘地（Mohandas Karamchand Gandhi，人們尊稱「聖雄甘地」〔Mahatma Gandhi〕）從南非返印，在一九一六至一九一七年期間，甘地推行了全國的自治運動，從此印度從無政府走向了甘地時期，同期間經歷了一次世界大戰，在戰爭期間，英屬印度提供英軍大量的資源和人力，英國同意在戰後將自治權還給印度。但是，戰後卻言而無信，不僅繼續執行戰時軍管法令，並增訂且通過了新的鎮壓法案《羅拉特法》。此法案的通過及同年發生英軍屠殺印度群眾的阿姆利則慘案，也間接讓印度人有了不再被英國殖民的念頭。

一九二一年十一月，國大黨領袖甘地在阿拉哈巴德年會上宣布展開全國性的不合作運動：拒絕納稅和公民不服從運動，也是世界史上第一個全國性的非暴力反抗運動。一九四二年七月十四日，國大黨工作委員會通過了由甘地起草的「退出印度」決議，並宣布印度將開展新的文明不服從運動，實現要英國退出印度的目標。一九四五年二次大戰結束，英國海外的殖民地紛紛掀起了獨立運動，這時候的英國已無暇管理殖民地，開始就印度逐步走向獨立的問題和國大黨開始進行政治對話。在一九四五至年一九四八年之間，英屬印度內部穆斯林和印度教徒嚴重對立，爆發了多次宗教屠殺，英屬印度的分裂已不可避免。一九四七年英國提出《蒙巴頓方案》將英屬印度一分為二，分別成立印度共和國和巴基斯坦伊斯蘭共和國，一九四七年八月十四日和八月十五日巴基斯坦和印度相繼宣告獨立。英國宣布決定在一九四八年六月前移交政權，英國在印度的殖民統治從此結束。

獨立後的印度

獨立後的印度政府將境內各自為政的王公們以合併及購買等不同政策，重新規畫並確定了聯邦制度。每一個邦都獨立自治，而聯邦屬地及國家首都轄區則由中央聯合政府管理。印度獨立後的一年就與巴基斯坦因喀什米爾區爆發軍事衝突，而得到喀什米爾約三分之二的領土。

一九五〇年一月二十六日印度憲法生效，建立印度共和國。一九五八年印度接納從西藏逃出的第十四世達賴喇嘛——丹增嘉措，中印兩國開始交惡。一九六二年印軍開始進入中印邊界主權爭議地區建立軍事哨所，爆發中印邊境戰爭。

一九六五年起，印度與巴基斯坦先後兩次爆發大規模戰爭，其中一九七一年印巴戰爭印度大獲全勝，「東巴基斯坦」脫離巴基斯坦獨立為孟加拉國。此後印度政治經濟緩慢發展，加上國內宗教衝突頻多，及國家長期干預經濟造成發展落後（這種現象一直持續到一九九〇年代）。一九九八年印度進行了五次核試後，正式宣布進入核武擁有國，印度社會普遍對於這次核試給予正面評價，但也促使巴基斯坦之後也以六次核試回應。

一九九一年印度總理拉奧（Narasimha Rao）開始市場經濟改革，開放外國人和私人企業投資，並取得初步成效，印度經濟慢慢步入快車道。然而受制於義務教育和高等教育的瓶頸，印度的產業工人和工業發展緩慢，強大的工會和嚴格的勞工法也限制了外來投資。

一九九九年總理阿塔爾．比哈里．瓦杰帕伊（Atal Bihari Vajpayee）乘坐德里－拉合爾（Lahore，巴基斯坦第二大城）特殊公車，首站訪問巴基斯坦的拉合爾。兩國簽署了《拉合爾條約》，雙方致力於解決雙邊爭端，使得印巴關係一度緩和。然而中間還是陸續發生幾起恐怖攻擊事件：一九九九年的 IC-814 航班劫機事件；二〇〇一年新德里議會大樓槍擊事件；二〇〇二年印控喀什米爾地區一輛巴士及陸軍兵營遭到襲擊，從而觸發印巴之間新的緊張關係；二〇〇六年七月十一日在經濟首都孟買發生七起火車連環爆炸事件；二〇〇八年孟買發生連環恐怖攻擊，猶如印度版的九一一事件：孟買的兩家豪華酒店、市中心火車站、維多利亞火車站、泰姬瑪哈酒店、孟買市政府等著名建築都遭伊斯蘭激進分子發動連續式恐攻，使得印巴關係再度緊張。

現今的印度

二〇〇七年七月普拉蒂巴・帕蒂爾（Pratibha Devisingh Patil）獲選為印度獨立六十年來首位女總統（二〇一二年卸任）。在位期間非常熱衷於教育和社會福利，尤其是對婦女和兒童的教育特別重視。

二〇一四年古吉拉特邦首席部長納倫德拉・莫迪（Narendra Modi）領導印度人民黨（BJP）贏得議會多數席位，當選第十四任印度總理。同年發起為期五年的清潔印度運動（Swachh Bharat Abhiyan），旨在改善及提升印度的公共環境衛生（含飲用水、增加公廁及環境維護等）及「總理公錢計畫」，目標是讓每一個家庭都有至少一個銀行帳戶可用，不僅可促進經濟成長（電子錢包），也可在財務上協助婦女持家理財。（在過去，僅「銀行可接受的人」才能享有金融服務。即使在獨立六十八年後，仍有六八％的印度人口仍無法有銀行帳戶。）

二〇一六年十一月宣布廢除五百盧比和一千盧比兩種最大面額紙幣的流通，目的是為打擊恐怖主義在印度洗「黑錢」、懲治腐敗（另外也為推動電子錢包政策），同時發行新的五百盧比和兩千盧比面值的鈔票。「廢鈔令」宣布後，除了給民眾生活帶來不便，也對國家經濟產生衝擊，各行業資金短缺，工廠停產，生產和出口銳減。儘管廢鈔令聲稱是為打擊黑錢腐敗，但輿論仍認為這項政策是失敗的，政府於是轉而強調廢鈔令有助於電子錢包的政策（因為新鈔的兩千盧比額度很大，一般小型店家不太收，政府趁機推動無現金社會）。時至今日，雖然有一些人已慢慢使用電子錢包或網路銀行做交易，但大部分人還是習慣以現金交易，整體消費習慣沒有因廢鈔而改變太多。

由於印度複雜的稅收體系常造成中央和地方重複課稅的情形，不利於外資，二〇一七年實施「貨品及服務銷售稅」（Goods and Services Tax, GST）方案，統一全國性稅制，包含聯邦稅和州稅，建立成單一、統一的市場。

二〇一九年印度空軍的十二架幻象二〇〇〇戰鬥機飛越喀什米爾印巴停火線，對巴基斯坦進行空襲，是四十八年來首次有印度和巴基斯坦軍機飛越停火線，亦是兩國擁有核武後首次正面衝突。

二〇二〇年三月起，由於新型冠狀病毒肆虐，印度開始為期四次的封城（二〇二〇年三月二十五日至二〇二〇年五月三十一日，並在二〇二〇年六月一日起解封至二〇二〇年七月三十一日）。二〇二一年四月至五月，印度爆發無預警的第二波疫情，高峰期的單日病例發病率占全球的四七%。

史前	
史前	西元三萬年前的石窟岩畫，發現了最早人類舞蹈的證據
2000 B.C.	
印度河和薩拉斯瓦蒂文明	印度河及薩拉斯瓦蒂河文明（2500~1550 B.C.）
1000 B.C.	
吠陀時期	吠陀經問世／摩訶婆羅多成書／印度教穩固／種姓制度建立
600 B.C.	
耆那教和佛教興起	釋迦牟尼佛誕生（563 B.C.~483 B.C.） 摩羯陀國（542 B.C.~ 490 B.C.） 耆那教和佛教興起
400 B.C.	
孔雀王朝時期	亞歷山大大帝入侵印度（326 B.C.） 孔雀王朝建立（321 B.C.） 古今一帝阿育王（272 B.C.） 佛教傳播
0 A.D.	
藝術與科學的黃金時代	卡修拉荷寺廟群建造 曷薩拉王朝 貝魯爾廟和哈拉比度廟群建造 笈多王朝（320~550） 帕拉瓦王朝（275~897） 法顯（400）與玄奘（630）赴印度求經 穆斯林學者阿爾貝魯尼前往印度（1020）

1200 A.D.	
穆斯林入侵	馬可波羅拜訪印度（1288） 毗奢耶那伽羅王朝（1336~1565） 葡萄牙人瓦斯科・達伽馬第一次航行到印度（1498） 巴克提運動
1500 A.D.	
蒙兀兒帝國	東印度公司成立（1600） 泰姬瑪哈陵建成 馬拉塔王朝（1674~1818） 東印度公司與孟加拉王公的普拉西戰役（1757）
1800 A.D.	
英國統治	第一次印度獨立戰爭（1857） 印度國民議會成立（1885）
1900 A.D.	
獨立運動	退出印度運動（1942） 聖雄甘地崛起（1930）
1947 A.D.	
自由與現代	英國結束在印度的殖民統治（1948） 印度接納達賴喇嘛，中印交惡（1959） 印巴戰爭、孟加拉國獨立（1971） 測試核武裝置（1998）

前進印度工作去

作者　閔幼林 Cannie
商周集團執行長　郭奕伶
商業周刊出版部
總監　林雲
責任編輯　黃郡怡
封面設計　走路花工作室
內文排版　洪玉玲
地圖繪製　董嘉惠
出版發行　城邦文化事業股份有限公司 商業周刊
地址　104 台北市中山區民生東路二段 141 號 4 樓
電話 (02)2505-6789　傳真 (02)2503-6399
讀者服務專線　(02)2510-8888
商周集團網站服務信箱　mailbox@bwnet.com.tw
劃撥帳號　50003033
戶名　英屬蓋曼群島商家庭傳媒股份有限公司城邦分公司
網站　www.businessweekly.com.tw
香港發行所　城邦（香港）出版集團有限公司
香港灣仔駱克道 193 號東超商業中心 1 樓
電話：(852) 2508-6231　傳真：(852) 2578-9337
E-mail：hkcite@biznetvigator.com
製版印刷　中原造像股份有限公司
總經銷　聯合發行股份有限公司 電話：(02) 2917-8022
初版 1 刷　2023 年 2 月
初版 2 刷　2023 年 4 月
定價　450 元
ISBN　978-626-7252-22-2（平裝）
EISBN　9786267252284（EPUB）／ 9786267252277（PDF）

國家圖書館出版品預行編目 (CIP) 資料

前進印度工作去 / 閔幼林 Cannie 著 . -- 初版 . -- 臺北市 : 城邦文化事業股份有限公司商業周刊 , 2023.02
352 面 ; 17 x 22 公分

ISBN 978-626-7252-22-2(平裝)

1.CST: 創業 2.CST: 職場 3.CST: 社會生活 4.CST: 印度

494.1　111022339

金商道

The positive thinker sees the invisible, feels the intangible,
and achieves the impossible.

惟正向思考者，能察於未見，感於無形，達於人所不能。 —— 佚名